园林经典文献名篇导读

（上册）

张培艳　主编

中国林業出版社
China Forestry Publishing House

图书在版编目（CIP）数据

园林经典文献名篇导读. 上 / 张培艳主编. —北京：中国林业出版社，2021.9
ISBN 978-7-5219-1307-1

Ⅰ. ①园… Ⅱ. ①张… Ⅲ. ①古典园林—园林艺术—中国—文集 Ⅳ. ①TU986.62-53②I212.01

中国版本图书馆CIP数据核字（2021）第164177号

中国林业出版社·教育分社

策划编辑：田　苗　　**责任编辑**：田　苗　赵旖旎
电　　话：(010) 83143557　　**传　　真**：(010) 83143516

出版发行　中国林业出版社（100009　北京市西城区刘海胡同7号）
电子邮件　jiaocaipublic@163.com
网　　站　http://www.forestry.gov.cn/lycb.html
印　　刷　河北京平诚乾印刷有限公司
版　　次　2021年9月第1版
印　　次　2021年9月第1次印刷
开　　本　787mm × 1092mm　1/16
印　　张　5
字　　数　87千字
定　　价　32.00元

前 言

语文是中等职业学校各专业学生必修的公共基础课程。工具性、人文性兼备的特点赋予语文课超越了语言文字本身的功能。作为具有强意识形态属性的课程之一，语文课程在国家战略、人才培养、个体社会生活等层面的重要性愈加凸显。基于语文学科在语言理解与运用、思维发展与提升、审美发现与鉴赏、文化传承与参与四方面的育人价值，2018 年以来北京市园林学校在语文学科教学与专业融合方面进行了系列探索与实践，旨在彰显中职语文教学的职教特色，融入职业精神，厚植传统文化、专业文化，为学生注入专业发展的灵魂。

中国古典园林是人类文明的重要遗产。中国古典园林造园艺术，以追求自然精神境界为最终和最高目的，以“虽由人作，宛自天开”为审美旨趣，是中华民族内在精神品格的生动写照，是中华优秀传统文化的重要组成部分。中国古典园林文献包括所有记录、说明、描写和歌颂中国古典园林及园林生活的文字和图画。它系统呈现了中国古典园林的历史发展进程，完整阐述了中国古典园林的造园艺术，是传承中国古典园林造园艺术的重要载体，也是中职语文课深度融合园林类专业，潜移默化传承园林文化，高效落实园林专业人才培养目标的重要桥梁。

本册书是《园林经典文献名篇导读》（上册）重点选取了《园冶》《长物志》《瓶花谱》三部专著中体现园林建造、园居生活要旨、意趣，文词精炼、可读性强、有传承价值的篇章、段落，共计 17 篇，分为园林建造、园居生活、瓶花艺术三个篇章，在编写体例上设置了编者导读、原文诵读、注释解读、译文品读环节，帮助读者实现无障碍阅读，设置问答研读、延伸阅读以期引导读者进行趣味阅读、思辨阅读、实践阅读。

《园林经典文献名篇导读》是《园林经典文献在中等专业人才培养中的普及与传承》课题的重要研究成果，是学校“滋兰树蕙”系列校本教材建设工程的阶段性成果。它集中展示了学校语文课与专业融合的教学成果，具体落实了语文新课标在古代科技著述选读、古代诗文选读、整本书阅读与研讨方面的要求。园林经典文献的普及与传承研究不是停留在文本上的扁平化研究，而是贯穿于师生教学实践的立体实践。在《园林经典文献名篇导读》编写过程中，课题组精心设计了情景诵读、知识竞赛等活动，通过喜闻乐见的教学形式，实现园林文化的普及传承，为园林及其相关专业学生的后续学习注入了灵魂，奠定了坚实的思想文化基础。

诚然，由于时间仓促以及笔者水平所限，不可避免存在一些不足，还请各位专家、同行、读者不吝赐教。

张培艳

2021 年 7 月

目录

第一部分 《园治》——园林建造篇

《园冶》是明末著名造园家、诗人计成所著，是中国历史上第一部全面系统总结和阐述造园法则与技艺的专著。《园冶》在哲学内涵上体现了“天人合一”的宇宙观，提出了建造园林的最高艺术境界是“虽由人作，宛自天开”。作者认为园林虽然是人工建造而成的，但是景色应如天然形成一般，反映了中国古代造园家崇尚自然、师法自然的审美思想。而达到此境界的关键在于“巧于因借，精在体宜”。“因”是指要根据自然条件和地理状况来规划园林，“借”是指“借景”，即依据周边地形地貌等实际情况通过遮劣彰美的手法丰富园内景观，运用因借法则时还要力求做到巧妙得体。

计成一生精通绘画，擅长诗文。《园冶》一书多采用骈四俪六的骈文形式，在描写山水楼台、花草树木、鸟兽虫鱼处极富诗意、韵味无穷，适合在诵读中领悟园林造景的美感。本章依据《园冶》所表达的造园要义以及语言的可读性进行节选，共选择八个段落，按照造园整体到局部的逻辑顺序进行排列，方便读者学习。

第一节 虽由人作，宛自天开——园说

【编者导读】

《园说》是全书的总论，阐述了园林用地与景物设计的原则及古典园林艺术特征、欣赏方式等造园理论，提出了“虽由人作，宛自天开”的造园艺术境界。作者在表达上不是采用下定义、条分缕析的逻辑论述方式，而是用骈俪文体描写优美的园林风光和审美体验，用诗文将园林造景和意境感受联系起来，勾勒出中国古典园林诗情画意、情景交融的特色。

笔者为方便初学者迅速理解文意，将原文大致分为三个段落：第一段主要从内部写如何造景；第二段主要从外部环境写如何借景；第三段主要写如何赏景。

【原文诵读】

凡结林园，无分村郭[1]，地偏为胜，开林择剪蓬蒿（péng hāo）；景到随机，在涧共修兰芷（zhǐ）。径缘三益[2]，业拟千秋。围墙隐约于萝（luó）间，架屋蜿蜒（wān yán）于木末。山楼凭远，纵目皆然；竹坞（wù）寻幽，醉心即是。轩楹[3]（yíng）高爽，窗户虚邻；纳千顷之汪洋，收四时之烂漫。梧阴匝（zā）地，槐荫（yīn）当庭；插柳沿堤（dī），栽梅绕屋；结茅竹里，浚[4]（jùn）一派之长源；障锦山屏，列千寻[5]之耸翠，虽由人作，宛（wǎn）自天开。

刹（chà）宇隐环窗，仿佛片图小李[6]；岩峦堆劈（pī）石，参差（cēn cī）半壁大痴[7]。萧寺[8]可以卜邻，梵音到耳；远峰偏宜借景，秀色堪餐。紫气青霞[9]，鹤声送来枕上；白苹红蓼（liǎo），鸥盟同结矶（jī）边。看山上个篮舆（yú），问水拖条枥（lì）杖；斜飞堞（dié）雉（zhì）[10]，横跨长虹；不羡摩诘（jié）辋（wǎng）川[11]，何数季伦金谷[12]。

一湾仅于消夏，百亩岂为藏春；养鹿堪游，种鱼可捕。凉亭浮白，冰调（tiáo）竹树风生；暖阁偎红，雪煮炉铛（chēng）涛沸。渴吻消尽，烦顿开除。夜雨芭蕉，似杂鲛（jiāo）人[13]之泣泪；晓风杨柳，若翻蛮女[14]之纤（xiān）腰。移竹当窗，分梨为院；溶溶月色，瑟瑟风声；静扰一榻琴书，动涵半轮秋水，清气觉来几席，凡尘顿远襟怀。窗牖（yǒu）无拘，随宜合用；栏杆信画，因境而成。制式新番，裁除旧套；大观[15]不足，小筑[16]允宜。

【注释解读】

1. 郭：本义是在城的外围加筑的一道城墙。这里代指城镇，与乡村相对。

2. 三益：宋朝大文豪苏东坡把梅、竹、石合称“三益之友”，因“梅寒而秀，竹瘦而寿，石丑而文”，区别于“岁寒三友”松、竹、梅的意象组合。

3. 轩楹：指高敞的屋宇。轩是有窗的长廊，楹是厅堂前部的柱子。

4. 浚：疏通。

5. 千寻：运用夸张的手法形容假山的高大。寻：古代八尺为一寻。

6. 片图小李：指唐代画家李昭道。他和父亲李思训皆擅长山水，人称其父“大李将军”，称其“小李将军”，又因其擅长小幅山水，故称“片图小李”。

7. 半壁大痴：指元末著名画家黄公望，号大痴道人。传世画作有《富春山居图》等，著有《写山水诀》。

8. 萧寺：泛指佛教寺庙。因南朝梁武帝崇佛，在寺庙大书“萧”字，后世将佛教寺庙泛称“萧寺”。

9. 紫气青霞：比喻仙人宫阙，这里指道观，与“萧寺”相对。紫气：紫色的霞气，古人认为是祥瑞之兆。

10. 堞雉：指城墙。堞：城墙上齿形的矮墙。雉：古代计算城墙面积的单位，长三丈、高一丈为一雉。

11. 摩诘辋川：指唐代诗人王维的辋川别业。王维字摩诘，擅长诗画。

12. 季伦金谷：指西晋富豪石崇的金谷园。

13. 鲛人：传说中的水中鱼人，眼中泣泪即为珍珠。

14. 蛮女：指唐代白居易家中一名善于跳舞的婢女小蛮。小蛮腰肢纤细，善唱杨柳枝词，白居易有诗云“杨柳小蛮腰”。

15. 大观：规模宏大的景物。

16. 小筑：规模小而雅致的景物。

【译文品读】

大凡造园，无论是在乡村还是城镇，地方以偏僻幽静为好，先开荒剪除杂草，再根据自然环境条件来建造景观，譬如可以在溪涧边种植兰花芷草。可以根据梅、竹、石“三益之友”的典故规划园路，这样建造的园林可以惠泽千秋万代。围墙要在藤萝之中隐约可见，屋架要在树梢之间蜿蜒伸展。山上筑楼，可以凭楼远眺，眼前美景一览无余；竹林深处建山坞，可以信步寻幽，陶醉身心。屋宇轩昂高爽，窗户开敞亮堂，这样可以接纳千顷汪洋的波光，收揽四季花木的烂漫。梧桐树影布满大地，槐树绿荫遮盖庭院；沿着河堤插种杨柳，绕着房屋栽种梅花；在竹林里修建茅舍，疏通水道引出一派长流；门前用山石堆叠作为屏障，犹如千寻耸翠。这些虽然都是人工造景，却像天然生成一般。

透过环窗，远处的古刹庙宇、鬼斧神工的山峦若隐若现，此情此景犹如唐代李昭道绘制的小幅金碧山水画，又如元代黄公望笔下参差雄伟的浅绛山水画。佛寺可以为邻，诵经声可以时常传入耳中；远处的山峰适宜借景，秀丽的山色就能尽收眼底。远处的道观紫气缭绕，睡在枕上就能听见仙鹤之声；近看水中漂浮的白萍红蓼，可以与矶石上的鸥鸟为友。游山可以乘坐一顶竹轿，玩水可以手持一根栎木手杖。城墙斜飞于半空，水上横跨着长桥，不必羡慕王维的辋川别业，也不必与石崇的金谷园攀比。

一湾清水可以消夏避暑，百亩园林不只是为了藏春；驯养鹿群可以游猎，养殖鱼儿可以垂钓。夏天在凉亭中小酌，调冰润渴，还可以感受到竹林中吹来的习习凉风；冬天围坐在阁楼的暖炉旁取暖品茶，炉铛内沸腾的雪水如浪涛。唇口的干渴消除，心中的烦闷也顿时一扫而空。夜晚雨打芭蕉，好似夹杂着鲛人的泪珠；清晨微风吹拂着杨柳，好似白居易家的舞女小蛮扭动的纤细腰肢。窗前移植几株修竹，庭院分栽几棵梨树。月色柔和，照入室内，影子投映在榻上的古琴和书上，营造了一种静谧斑驳的美感；秋风萧瑟，掠过水面，吹皱了倒映在水中的半轮明月。在矮榻上浅卧，清气袭来，顿时觉得胸怀开阔，远离凡尘。天窗与窗户不必拘泥于定式，符合心意适用就行；栏杆可以随意设计，与环境协调即可。图式设计要不断创新，陈旧的俗套样式必须摒弃。这样做

对整体景观影响不大，却很适宜局部环境改善。

【问答研读】

1. “凡结林园……业拟千秋。”讲的是园林中的（　　）。

A. 屋宇　　B. 相地　　C. 铺地　　D. 门窗

2. “围墙隐约于萝间……收四时之烂漫。”讲的是园林中的（　　）。

A. 屋宇和户槅　　B. 相地　　C. 铺地　　D. 门窗

3. “梧阴匝地……宛自天开。”讲的是园林中的（　　）。

A. 立基　　B. 相地　　C. 铺地　　D. 植物与水石

4. “刹宇隐环窗……何数季伦金谷。”讲的是园林中的（　　）。

A. 借景　　B. 相地　　C. 立基　　D. 栏杆和门窗

5. “一湾仅于消夏……烦顿开除。”讲的是园林中的（　　）。

A. 借景　　B. 园居生活　　C. 相地　　D. 墙垣

6. “夜雨芭蕉……凡尘顿远襟怀。”讲的是园林中的（　　）。

A. 借景　　B. 铺地　　C. 雨风月等自然要素　　D. 动物植物

7. 中国古典园林所追求的最高审美旨趣是“虽由人作，________”，走模仿自然山水的路子，力求营造诗画一样的境界。

【延伸阅读】

“雪煮炉铛涛沸”的雅致生活

古人用雪水煎茶、煮茶的历史悠久，可以追溯到唐代。陆龟蒙的《煮茶》诗中就有“闲来松间坐，看煮松上雪”的诗句。到了宋代，雪水煮茶变得非常流行。大诗人苏东坡就特别喜欢以雪水烹茶。但是把雪水煮茶把玩到极致的，要数《红楼梦》里的妙玉。

《红楼梦》第 41 回“栊翠庵茶品梅花雪”中详尽描述了古人喝茶的讲究。话说贾母带着刘姥姥及小姐太太一干人等，到妙玉所在的栊翠庵来喝茶。妙玉忙去烹了茶，用了极其讲究的海棠花式雕漆填金云龙献寿的小茶盘，里面放一个成窑五彩小盖盅，捧与贾母。茶是极投贾母脾气的老君眉，连泡茶的水也不一般，是旧年蠲（juān）的雨水。招待完众人，妙玉把黛玉、宝钗的衣襟一拉去耳房喝体己茶去了，宝玉也跟了来。果然这体己茶与众不同，煮茶的水用的是雪水，便是茶具也是更为稀罕的古玩奇珍。只是这三位并不识得妙玉冷漠外表下的如火热情和那一杯清香茶饮，连冰雪聪明的黛玉亦天真地问："这也是旧年的雨水？"而遭了妙玉的冷笑，回敬道："你这么个人，竟是大俗人，连水也尝不出来。这是五年前我在玄墓蟠香寺住着，收的梅花上的雪，共得了那一鬼脸青的花瓮一瓮，总舍不得吃，埋在地下，今天夏天才开了。我只吃过一回，这是第二回了。你怎么尝不出来？隔年蠲的雨水那有这样轻浮，如何吃得。"清高自许的妙玉以五年前搜集梅花上的雪水泡茶款待众人，确实脱凡不俗。

第二节　巧于因借，精在体宜——兴造论（节选）

【编者导读】

《兴造论》原文以问句开头，引出对主人、匠和能主之人在建筑园林过程中作用大小的探讨，指出能主之人是建造园林的关键人物，强调了专业人才在造园中的地位。同时着重提出了园林兴造要遵循“巧于因借，精在体宜”的“节用”原则，最后点出写作《园冶》的目的是担心园林建造艺术渐渐失传，所以把图式绘制出来展示给园林爱好者。

鉴于方便诵读的需要，只节选其中阐述“因、借、体、宜”的部分，帮助读者原汁原味了解造园要义。“因”主要是内部关系的处理，即要因人、因地造园；“借”着重外部关系的协调，即要借他处景物为我所用。诵读时要反复吟咏，撮其要义。

【原文诵读】

园林巧于“因”“借”，精于“体”“宜”，愈非匠作可为，亦非主人所能自主者，须求得人，当要节用。“因”者：随基势之高下，体形之端正，碍木删桠（yā），泉流石注，互相借资；宜亭斯亭，宜榭斯榭，不妨偏径，顿置婉转，斯谓“精而合宜”者也。“借”者：园虽别内外，得景则无拘远近，晴峦耸秀，绀（gàn）宇[1]凌空；极目所至，俗则屏之，嘉则收之，不分町畽（dīng tuǎn）[2]，尽为烟景，斯所谓“巧而得体”者也。

【注释解读】

1. 绀宇：代指寺庙。绀：天青色，一种青中带赤的颜色，多用于粉饰古寺外墙。
2. 町畽：此处指田野和乡村。町：田间小路。畽：田舍旁空地。

【译文品读】

园林讲究因地制宜、互相借助的巧妙，讲求布局得体、分寸合宜的精妙。这

不是仅凭工匠的水平就可以做到的，也不是园主人凭自己的主观意愿能实现的，必须求助于专业的营造主持者，做到合理调配资源、节用高效才可以。所谓“因”，就是要依随地势的高低错落、地形的端正方直情况，去掉妨碍景观营造的树木树枝，将涌流的泉水引注到石间，让各处的美景互相借助衬托；在适合建亭台的地方建造亭台，适合建楼榭的地方建造楼榭；在偏僻幽静的地方不妨规划园路，而且要蜿蜒曲折。这就是“精而合宜”的意思。所谓“借”，就是园林虽然内外有别，但是取景却可不拘泥于远近。晴空下的山峦耸翠也好，青红色外墙的古刹凌空也好，凡是眼睛所能看到的地方，低俗的景物要加以遮挡，美好的景物则要尽收眼底。这样不论田野还是村庄，都变成了园中烟云缥缈的景色。这就是“巧而得体”的意思。

【问答研读】

1. 园林讲究因地制宜、互相借助的巧妙，讲求布局得体、分寸合宜的精妙，建造园林必须得求助于专业的________，做到合理调配资源、节用高效。

2. 通过专业建造技巧，把园外的一些景观借进来纳入园林视野，帮助营造园林的审美意境的方法，叫作________。

3. 说说你对园林讲究的“因地制宜”的理解。

4.《红楼梦》第十六回贾府营造大观园，书中写道：“全亏一个老明公号山子野者，一一筹画起造。贾政不惯于俗务，只凭贾赦、贾珍、贾琏、赖大、来升、林之孝、吴新登、詹光、程日兴等几人安插摆布。凡堆山凿池、起楼竖阁、种竹栽花一应点景等事，又有山子野制度。下朝闲暇，不过各处看望看望，最要紧处和贾赦商议商议便罢了。”结合你对《兴造论》中提及的造园涉及的三类人的理解，请回答文中所提及的老明公山子野属于（　　）。

A. 园主人　　B. 匠人　　C. 须求得之人，即能主之人

5.《红楼梦》因元春省亲，贾家宁荣两府欢天喜地，齐心合力建造省亲别

墅。贾赦、贾政、贾珍、贾琏并主事管家、世交清客一并审察两府，并敲定了建园规划。先拆宁府会芳园墙垣楼阁，直接入荣府东大院中，拆荣府东边所有下人一带群房，山树木石虽不敷用，旧园竹树山石以及亭榭栏轩等物，皆可挪就前来。这样用地解决了，“两处又甚近便，凑成一处，省许多财力”。请问这样的造园规划体现了《兴造论》中所阐述的（　　）兴造原则。

A. 须当节用　　B. 巧于因借，精在体宜　　C. 不惜金钱，唯美设计

【延伸阅读】

文征明与拙政园

拙政园位于苏州城东北隅，与北京颐和园、承德避暑山庄、苏州留园一起被誉为中国四大名园，是明代御史王献臣辞官回乡后所建。“拙政”取自晋代潘岳《闲居赋》中“灌园鬻（yù）蔬，以供朝夕之膳……此亦拙者之为政也”，寄寓园主人自我解嘲，超然物外之意。

全园占地78亩，以水为中心，分东、中、西三部分，东园的大草坪和假山之间碧波浩淼，西园的三十六鸳鸯馆、留听阁、浮翠阁、笠亭、水廊都建在水波涟漪的环绕之中，中花园更是全园精华所在，山水萦绕，厅榭精美，花木繁茂，具有浓郁的江南水乡特色。

据史料记载，明代江南四大才子之一、著名山水画家“吴门画派”的领袖文征明与拙政园主王献臣交往甚密，王献臣曾邀其参与了拙政园的设计和建造。文征明把绘画中写意的理解融入到拙政园的建设中，让园林有了丰富的意境之美。园建成后，文征明不仅画了著名的《拙政园图》三十一景，还为拙政园作记，题写了许多诗、对联和匾额，如“香远堂”匾额、荷风四面亭对联“四壁荷花三面柳，半潭秋水一房山”等，均恰当地勾勒出此处景物的幽美意境。今天，当年文征明在画室玉兰堂前亲手栽植的紫藤，历经四百多年，仍老干盘曲，枝繁叶茂。文征明也许就是建造拙政园的“能主之人”，他的意中创构和胸中文墨，决定了园林思想艺术境界的高下。

第三节　构园无格，借景有因——借景

【编者导读】

《借景》是全面阐述造园“借景”理论的篇章。计成认为借景是“林园之最要者”，提出“俗则屏之，嘉则收之”的借景原则，并把“借景”从空间、时间上分为五类。“远借”指在园林高处造亭台以获得开阔的视野。“邻借”指把临近美景纳入局部环境的构思中，使各处风景都能互相沟通、相互衬托、合为一体。“仰借”是借用高处景观以供人仰观，比如悬崖和天色。“俯借”是借用低处的风景供人俯视，比如池鱼溪涧。“应时而借”是从时间上把春夏秋冬季相变化统筹起来进行规划。《借景》一文中浓墨重彩地描绘出了因时间变化而各具特色的园林四季美景，同时还刻画出了季节交替的关联，比如冬春交替的“春寒料峭”，夏秋交替的“爽气觉来”“池荷香绾”，秋冬交替的“篱残菊晚”。所借之景除了时间变化中视觉所能捕捉到的各种自然现象与景物的形、色、光之外，还可以借用外界的声音、动感、气味等，来营造超凡脱俗、自由闲适的气氛。

【原文诵读】

构园无格，借景有因。切要四时，何关八宅[1]。林皋（gāo）延伫（zhù），相缘竹树萧森；城市喧卑（xuān bēi），必择居邻闲逸。高原极望，远岫（xiù）环屏，堂开淑气[2]侵人，门引春流到泽。

嫣红艳紫，欣逢花里神仙[3]；乐圣[4]称贤，足并山中宰相[5]。《闲居》[6]曾赋，芳草应怜；扫径护兰芽，分香幽室；卷帘邀燕子，闲剪轻风。片片飞花，丝丝眠柳；寒生料峭，高架秋千；兴适清偏，怡情丘壑（hè）。顿开尘外想，拟入画中行。

林阴初出莺歌，山曲忽闻樵（qiáo）唱，风生林樾[7]（yuè），境入羲（xī）皇[8]。幽人即韵于松寮（liáo）[9]；逸士弹琴于篁（huáng）里。红衣[10]新浴；碧玉[11]轻敲。看竹溪湾，观鱼濠（háo）上[12]。山容蔼蔼（ǎi）[13]，行云故落凭栏；水面鳞鳞，爽气觉来欹（qī）枕[14]。南轩寄傲[15]，北牖（yǒu）虚阴。半窗碧隐蕉桐，环

堵翠延萝薜（bì）。俯流玩月，坐石品泉。

苎（zhù）衣不耐凉新，池荷香绾（wǎn）[16]；梧叶忽惊秋落，虫草鸣幽。湖平无际之浮光，山媚可餐之秀色。寓目一行白鹭，醉颜几阵丹枫。眺远高台，搔（sāo）首青天那可问；凭虚敞阁，举杯明月自相邀。冉冉天香，悠悠桂子。但觉篱残菊晚，应探岭暖梅先。少系杖头[17]，招携邻曲，恍（huǎng）来林月美人[18]，却卧雪庐高士[19]。雪冥黯黯，木叶萧萧；风鸦几树夕阳，寒雁数声残月。书窗梦醒，孤影遥吟；锦幛偎红，六花[20]呈瑞。棹（zhào）兴若过剡（shàn）曲[21]，扫烹（pēng）果胜党家[22]。冷韵堪赓（gēng）[23]，清名可并；花殊不谢，景摘偏新。因借无由，触景俱是。

夫借景，林园之最要者也。如远借，邻借，仰借，俯借，应时而借。然物情之所逗，目寄心期，似意在笔先，庶几描写之尽哉。

【注释解读】

1. 八宅：一种古老的风水学说。指住宅的八个方向，阳宅按照八卦方位分为东四宅、西四宅。

2. 淑气：指温和之气，天地间神灵之气。

3. 花里神仙：引用明代冯梦龙《醒世恒言》中“灌园叟晚逢仙女”的故事。即一个叫“秋先”的人，号“灌园叟”，养花爱花成痴，感动神仙，夜逢仙女。这里比喻园中鲜花盛开，美若仙境。

4. 乐圣：此处指嗜酒者。

5. 山中宰相：指南朝齐梁时期著名隐士陶弘景。他深受梁武帝信任，梁武帝常写信向他咨询政务，时人称其“山中宰相”。

6.《闲居》：指西晋潘岳所著《闲居赋》。这里指文人去官后的闲逸。

7. 林樾：即林荫。引自《玉篇·木部》：“樾，楚谓两树交阴之下曰樾。”

8. 羲皇：即伏羲。此处指代伏羲氏时期人们怡然闲适的生活。晋代陶渊明《与子俨等疏》：“常言五六月中，北窗下卧，遇凉风暂至，自谓是羲皇上人。”后多用此指代夏天乘凉陶然而卧的园居生活。

9. 松寮：松林中的小屋。

10. 红衣：代指粉红色的荷花。

11. 碧玉：与“红衣”相对，代指碧绿的竹林。

12. 观鱼濠上：指文人隐居的闲适生活。此处引用《庄子·秋水》“濠濮观鱼”的典故。庄子用鱼的从容出游比喻人自得其乐的理想境界。

13. 蔼蔼：形容草木茂盛的样子。

14. 欹枕：指斜靠在枕头上小憩。

15. 寄傲：指寄托傲世隐居之志。晋代陶渊明《归去来兮辞》有：“倚南窗以寄傲，审容膝之易安。”

16. 绾：聚集、盘绕。

17. 杖头：古时人把铜钱挂在杖头上出外沽酒，于是杖头钱也称买酒钱。

18. 林月美人：形容月夜梅林之美。用典出自“赵师雄罗浮遇梅仙”的故事。

19. 雪庐高士：雪花纷飞，高士在茅庐中酣卧。此处指冬天的园林美景及闲逸的生活。明代高启有诗云：“雪满山中高士卧，月明林下美人来。”

20. 六花：雪花呈六角形，故称六花。

21. 剡曲：指剡溪，在浙江。剡溪是王子猷雪夜访戴安道的地方。后人常用此典描写思友或访友的活动。

22. 党家：指“煮雪烹茶”的典故。《事文类聚》说：“宋陶彀（gòu）得党太尉家姬，遇雪，取雪水烹茶，请姬曰：党家亦知此味否？姬曰：彼武夫安有此？但知于锦帐中饮羊羔酒耳。公为一笑。”

23. 赓：继续。

【译文品读】

虽然造园没有固定的法则，但是借景却有据可依。借景需要考虑四季气候变化，与风水上所谓的八宅并没有什么关系。在适合人们站立眺望的林下和水边，可以借用青翠的树林或竹林景色；喧嚣的市井闹市低俗，所有园林都应选在城市的偏僻幽静之处。高原视野开阔，远山好像屏障环抱，扑面而来的温和气息进入高大敞亮的厅堂，让人心旷神怡；门前一湾春水流入园中池塘。

在姹紫嫣红的美景中，可能会遇到美丽的花神；酒醉卧于林下，就像当年中山宰相陶弘景一样逍遥自在。春天来临

之际，或效仿潘安写一首《闲居》，或像屈原那样写一篇《芳草》；清扫园中小路要爱护花草嫩芽，使园中香气四溢；卷起帘子让燕子自由飞翔，剪出二月春风。片片花瓣飞舞，丝丝柳条清幽，春寒料峭的时节，寒食节的秋千已经被高高荡起。闲暇之际就到园中游赏，在丘壑之间寄寓闲情。如诗如画的园林美景让人感觉超脱世俗，好似在画卷中穿行。

夏天到了，山莺在林间歌唱，山中不时传来樵夫的歌声，怡人的清风从林中吹过，感觉就像回到了上古时代。隐士在松林间吟诵诗词，高人在竹林间弹奏琴曲。芙蓉花露出水面，好像美人刚刚出浴；雨点轻轻打在翠竹上发出美妙的声音。在溪边赏竹景，在池边观游鱼，山间薄雾蒙蒙，靠着栏杆远望，云朵好像就落在眼前；水面波光粼粼，清爽的风吹在枕边伴人入眠。从南轩远眺，心中便会充满傲骨之气，打开北面的窗户，凉爽之气扑面而来。半开半掩的窗外隐隐有芭蕉和梧桐的绿荫，围墙上的藤萝青翠欲滴。在溪流边观赏水中之月，坐在岩石上品尝甘甜的泉水。

秋天到了，单薄的衣衫耐不住秋天的凉气，水上的荷花却依然发出令人留恋的清香；梧桐叶悄悄飘落，告诉人们秋天来了，草丛里虫儿的叫声使得园子显得更加幽静。湖水平静而看不到边际，山色妩媚真是秀色可餐。一行白鹭飞上天空，通红的枫叶如同酒醉后的脸庞。站在高台远望，摸着头仰望天空思索，在开敞的阁楼举杯邀明月，桂花的清香冉冉而来。

冬天到了，篱笆边的菊花已经凋零，可以去看看那些向阳的梅花是否盛开。带着少许杖头钱，邀请邻家老人同去买酒，月光下朵朵梅花如同佳人而至，大雪纷飞，草庐中的高士酣然入梦。云层暗淡，树木萧瑟，乌鸦在夕阳中归巢，残月当空传来寒雁的叫声。在书窗边从梦中醒来，孤单寂寥吟诗作赋；雪花纷飞时，生起炉火拉上锦幛顿觉室内温暖。乘一叶扁舟到溪边去访友，扫雪烹茶置办果蔬，风雅胜过了当年的党家，寒冬里的园居乐事能与古代的名士相比了。园林四季都有花儿盛开，应当顺应时节选择那些新奇的美景来观赏。借景没有定式，看到触动内心的景致，就可以随意愿取之而用。

借景是园林建造中最关键的部分，借景的方式可以分为远借、邻借、仰借、俯借和应时而借。所谓触景生情就是眼中观赏到景物内心才会有感受，借景时要先在心中勾画出轮廓，就像画画之前打腹稿一样，这样才能让所借的景色鲜活灵动。

【问答研读】

1. 通过专业的建造技巧，把园外的一些景观纳入园林视野，帮助营造园林的审美意境，就是“借景”。借景的内容很丰富，下面给出的选项中哪些可以被借到园林景观中来？（　　）

A. 自然山水　　B. 动物植物　　C. 园外建筑　　D. 天文气象

2. 计成认为借景是“林园之最要者”，提出“俗则屏之，嘉则收之”的借景原则，并把“借景”从空间、时间上分为远借、邻借（　　）五类。

A. 俯借　　B. 随心而借　　C. 应时而借　　D. 仰借

3. “俯借”是借用低处的风景供人俯视，下面属于可以俯借的风景包括（　　）。

A. 远山高台　　B. 植物四季变化　　C. 邻家的藤本花木　　D. 溪水池鱼

4.《借景》一文中浓墨重彩地描绘出了因时间变化而各具特色的园林四季美景。请你列举三处在夏天可以借到的景物。

5. 从四季美景中选一段你最喜欢的译文，朗读并体会园林意境。

【延伸阅读】

颐和园的借景

中国古典园林中的“借景”是一种对于美学境界的追求。明代计成《园冶》对借景的描述：“借”者，园虽别内外，得景则无拘远近，晴峦耸翠，绀宇凌空，极目所至，俗则屏之，嘉则收之，不分町畽，尽为烟景，斯所谓“巧而得体”者也。

颐和园的前身清漪园在建园之初就很好地利用了周围的环境，园西数十里外山峦叠嶂的西山可为远景，起伏舒展的山脊，将浩瀚的天际与万寿山、昆明湖嵌合得天衣无缝，形成朝晖暮霭、色彩斑斓的绚丽风景；林木青葱的玉泉山及山上的玉峰塔可为中景，园外的绿野平畴可为近景。

现存的颐和园在园内园外景观的处理上亦堪称中国古典园林中运用“借景”手法的典范。颐和园里最经典的借景视线，即从东堤望玉泉山、西山群峰。在万寿山后山高旷之处，向北远望，可以看到北部同是西山余脉的各个山峰，终点在百望山，旧称望儿山。玉泉山与颐和园一水相通，距离非常近，在颐和园很多地方都可以非常清晰地看到玉泉塔影倒映在昆明湖中。林琴南在《游颐和园记》的散文中，有一段记述从昆明湖东南向西眺望所见的景色：“登绣漪桥西望玉带桥，穹然高起，于湖西前后二桥，其上皆有亭，隐隐然均不能至，而西北望玉泉之山，微见楼殿数叠，出万树上。”

在谐趣园内能看到高大、姿态入画的古油松作为背景，尤其是向西望去，大片松柏古树郁郁葱葱，但实际上这些松柏并不在谐趣园内，是借园外万寿山东麓的山体及乔木入景。位于后溪河中部南北两岸的苏州街，布局摹仿了浙东一带常见的“一水两街”的形式，以河当街、以岸做市。而作为水街背景的是两侧山上栽植的古树，舟行水面，可仰视参天古松夹岸，平添几分古意。

其实，借景的类型并没有严格的区分，远和近、俯和仰，均是相对比而言，并且互相融合在一起。比如自山顶路望西山，有湖山真意亭、澄辉阁、爱山楼、画中游等处，均是借玉泉山及西山诸峰入画，既有近借亦有远借，同时因地势高低差异又有俯借和仰借之分。万寿山雄踞全园北部，可南向俯视之处颇多，除佛香阁外，东部有千峰彩翠城关、荟亭、景福阁，略低一些位置，有重翠亭、燕台大观等处，自高处俯视，越过昆明湖，可欣赏到远处的园外景物。在同一个大园林里，景区之间互相因借，也属于借景的范畴。总之，就是要体现“嘉则收之、俗则屏之”的目的，视线所及，均为佳境。

第四节　相地合宜，构园得体——相地

【编者导读】

古人在建造园林宅院之前，有一个必不可少的准备工作就是相地，踏勘选定园址，观察周围的地势地形和自然条件。评估后，就可以对整体布局、亭台楼阁进行初步的规划，在此基础上构筑园林。

计成提出不在方向上对造园选择的地基做任何限制，但要善于利用天然的地形条件，高处建造亭台，低处开挖池沼水塘，根据地形的曲折而建造，重要的是体现出山水情趣。本部分内容还特别强调了借景和古木对于园林建造的重要性，提出了“斯谓雕栋飞楹构易，荫槐挺玉成难”的观点。在阅读时，要体会作者独特的造园观点以及对于现代园林建造的重要借鉴意义。

【原文诵读】

园基不拘方向，地势自有高低；涉门成趣[1]，得景随形，或傍山林，欲通河沼。探奇近郭，远来往之通衢（qú）[2]；选胜落村，藉参差之深树。

村庄眺野，城市便家。新筑易乎开基，只可栽杨移竹；旧园妙于翻造，自然古木繁花。

如方如圆，似偏似曲；如长弯而环壁[3]，似偏阔以铺云。高方欲就亭台，低凹可开池沼。卜筑[4]贵从水面，立基[5]先究源头，疏源之去由，察水之来历。临溪越地，虚阁堪支；夹巷借天，浮廊可度。

倘嵌他人之胜，有一线相通，非为间绝，借景偏宜；若对邻氏之花，绝几分消息；可以招呼，收春无尽。架桥通隔水，别馆[6]堪图；聚石叠围墙，居山可拟。多年树木，碍筑檐垣；让一步可以立根，斫（zhuó）[7]数桠不妨封顶。斯谓雕栋飞楹构易，荫槐挺玉成难。相地合宜，构园得体。

【注释解读】

1. 涉门成趣：一进园门即可以看到山水林木的意趣。

2. 通衢：四通八达的道路。

3. 环璧：逶迤回环，如同玉璧一般。

4. 卜筑：选择地点建造房屋。

5. 立基：规划园林中建筑的地基，这是园林建造的重要工作之一。

6. 别馆：也称别墅，是建造在私家园林僻静处的斋馆。

7. 斫：用刀斧削砍。

【译文品读】

不在方向上对于造园选择的地基做任何限制，地势可高可低，一进园林大门后，就要体现出山水情趣。园中景观顺应地势建造，或建在山林旁或与溪流相通。如果想在城市周边寻求奇趣，就应该避开大道，如果想在乡村享受幽静，就要利用高低的树林。

在乡村造园可以眺望原野，在城市造园便于生活。新建的园林有利于重新规划布局，只可以栽植杨树、竹子等易于生长繁殖的植物；改造旧园可以在原有基础上整理翻新，植物自然会花木繁茂。

做园林规划时，要善于利用天然的地形条件，或方形或圆形，或是顺坡势建造或是根据地形的曲折而建造。地势狭长而曲折之处就像环形的玉璧，宽阔倾斜的地形就像天上的云层。高处可以建造亭台，低处可以开挖池沼水塘。房屋建在水边最好，在规划时要考察水源在何处以及水的流向。如果选择的地点有小溪，就可以在溪水上建造亭阁；如果园内有小巷，就可以建造两边对接的浮廊。

即使能借到的景物只有一点点，也不要遮挡阻断，借景是造园的重要手段。哪怕邻居家只有几枝花木伸到园中，也应该借它为园子造景，来展现无尽的春色。架桥连通水路，在桥边可以建造斋馆；用大石头垒砌外形粗犷的墙面，就会营造出山居野趣。如果遇到了影响建造房屋和墙体的老树，要保留老树而重新考虑房屋的位置。如果有必要，可以修剪一下老树的枝丫，这样就可以顺利建造屋檐了。这就是我们经常说的：那些雕梁画栋的房屋好建造，但是多年的老槐树和修竹却非常难得。总而言之，先做好选地规划工作，建造出来的园子才会合适得体。

【问答研读】

1. 住宅房屋和园林内的房屋在造型上大致相同，但园林庭室须有赏景的功能，因此它的结构要求也就略有不同。园林中的房屋应根据四季变化的景色来设计。你认为这种说法正确吗？

2. 古人在建造园林之前，有个必不可少的准备工作就是________，踏勘选定园址。踏勘主要是观察周围的地势地形和自然条件。

3. 新建的园林有利于重新________，只可以栽植杨树、竹子等易于生长繁殖的植物；改造旧园可以在原有基础上整理翻新，植物自然会花木繁茂。

4. 做园林规划时，要善于利用天然的地形条件，高处可以开挖池沼水塘，低处应该建造亭台。这种布局正确吗？

5. 在园林规划布局时，如果遇到了影响建造房屋和墙体的老树，应当如何取舍？（　　）

A. 将老树移走　　B. 重新考虑房屋的位置

C. 移走老树或重新考虑房屋的位置都可以　　D. 以上都不正确

【延伸阅读】

占尽地利的寄畅园

我国古典园林追求自然山水风景的意趣，经常利用自然的山林泉石来创造风景，因此极其重视园林环境的选择，这在古代造园学中叫作“相地”。寄畅园就是这种占尽了“地利”之便的山水园林。

寄畅园虽在惠山山麓，但离无锡城只有数里地，来去很方便。惠山开发很早，在唐代已成为邑人游历的名胜之地。它的姿态特别好，有九条陇岗蜿蜒如龙，所以古人又称它为九龙山。此外，惠山又以泉水著名，有天下第二泉、龙眼泉等数十处泉眼。惠山高三百余米，在周围一片平畴中，是登高远眺的好地方。锡山是惠山的余脉，突起在山麓断层之东，高仅七十余米，山顶有龙光塔和龙光寺，山腰有晴云亭、观涧亭、石浪庵等，景观较为集中。寄畅园的园址就选在惠山、锡山两山环抱的山脚下，西面依着惠山，东南借着锡山，东北方有新开河及运河与无锡城连通。

寄畅园巧于因借依惠山东麓山势筑假山，构曲涧，引“二泉”伏流注其中。园景以山池为中心，巧妙地将周围的山影、塔影、亭影、树影，尽汇池中，成为江南园林借景的楷模。康熙、乾隆二位皇帝下江南都曾多次到此游历。乾隆皇帝更是把它绘成图纸带回北京，在清漪园（今颐和园）内仿建了一座“惠山园”（今谐趣园），表达他对寄畅园的喜爱。

第五节 掇石而高，搜土而下——自序

【编者导读】

计成在众多明代才子中，算不上很出色，但是他在园林艺术方面做出了卓越的贡献。正如文中所讲，少年时他就喜欢绘画，并且逐步对叠石和园林建造产生了浓厚的兴趣。在一次偶然的机会中，世人发现了他的才能，请他主持了几座园林的设计和建造工作，并且得到园主人的高度赞誉，评价他建造的小园“从进而出，计步仅四百，自得谓江南之胜，惟吾独收矣”。

在长期从事园林建造的工作过程中，他积累了丰富的经验，著成了《园冶》一书。此书把中国园林建造的精髓尽收其中，总结并提出了很多独具匠心的造园观点。他把中国国画构图写意的方法用到了园林建造中，让中国古典园林诗情画意，意境悠远。这篇自序介绍了计成叠山才能被认可，建造两座小园以及撰写《园冶》的四段经历，对于读者理解《园冶》全文内容具有重要的作用。特别是第二段中对造园实践的自述，读之可以让我们管窥到理论与具体案例的结合，进一步了解相地的精髓和要义。

【原文诵读】

不佞[1]少以绘名，性好搜奇，最喜关仝、荆浩笔意，每宗之。游燕及楚，中岁归吴（江苏），择居润州[2]。环润皆佳山水，润之好事者，取石巧者置竹木间为假山，予偶观之，为发一笑。或问曰：“何笑？”予曰：“世所闻有真斯有假，胡不假真山形，而假迎勾芒[3]者之拳磊乎？”或曰：“君能之乎？”遂偶为成“壁”，睹观者俱称：“俨然佳山也。”遂播名于远近。

适晋陵方伯吴又于公闻而招之。公得基于城东，乃元朝温相故园，仅十五亩。公示予曰：“斯十亩为宅，余五亩，可效司马温公‘独乐’[4]制。”予观其基形最高，而穷其源最深，乔木参天，虬枝[5]拂地。予曰：“此制不第宜掇石而高，且宜搜土而下，令乔木参差山腰，蟠根嵌石，宛若画意；依水而上，构亭台错落池面，篆壑[6]飞廊，想出意外。”落成，公喜曰：“从进而出，计步仅四百，自得谓江南之胜，惟吾独收矣。”别有小筑[7]，片山斗室，予胸中所蕴奇，亦觉发抒略尽，益复自喜。

时汪士衡中翰，延予銮江西筑，似为合志，与又于公所构，并骋南北江焉。暇草式所制，名《园牧》尔。姑孰[8]曹元甫先生游于兹，主人皆予盘桓[9]信宿[10]。先生称赞不已，以为荆关之绘也，何能成于笔底？予遂出其式视先生。先生曰：“斯千古未闻见者，何以云‘牧’？斯乃君之开辟，改之曰‘冶’[11]可矣。”

时崇祯辛未之秋杪[12]，否道人[13]暇于扈冶堂中题

【注释解读】

1. 不佞：没有才能的人，此处是谦虚的自称。
2. 润州：江苏省镇江市的古称。
3. 勾芒：传说中管理林木和农事的春神，又称芒神或木神。
4. 独乐：司马光在洛阳建造的一座园林，名为独乐园。
5. 虬枝：虬是一种龙。虬枝是指像龙一样盘曲的树枝。
6. 篆壑：像篆字一样弯曲的沟壑。
7. 小筑：规模较小的园林或建筑物。
8. 姑孰：安徽省当涂县的古称。
9. 盘桓：逗留。
10. 信宿：在某地连续住两个晚上。
11. 冶：原意是熔炼金属，文中指开创、造就。
12. 杪：原意是树枝末梢，文中指秋季的末尾。
13. 否道人：计成的别号。

【译文品读】

我年少时以擅长绘画出名，也喜欢探索新奇的事物，最喜欢关仝和荆浩山水画中雄浑古雅的意趣，自己作画时常模仿这种风格。我曾经游历燕京和湖北、湖南，中年时选择在江苏润州定居。这里风景秀美，一些文人雅士喜欢建造园林，常把一些绮丽的山石放置在竹林之中，做成假山。我碰巧看到了不禁一笑。别人问我：“为什么发笑？”我说：“常听说世间有了真的才有假的，为何不仿照真山来造假山，而要弄出像迎春神的时候垒成的石头堆那样的假山呢？”有人问我：“你能叠出假山吗？”我当场给他们叠了一座陡峭的假山，在场所有的人都赞叹

说："这简直就是一座真山！"从那时起，我能叠山的才能远近闻名。

恰巧曾作过布政使的吴又于听说了我的才能就来邀请我。他在城东有一块可以建造园林的地基，这原本是元朝温相的老宅子，占地十五亩。他告诉我："十亩用来建造房屋，剩余五亩建造园林，你可以仿照司马光的独乐园来建造。"我踏察了此处的地形，发现这里地势高峻，邻近的水源低深，地基上古树参天，枝条盘曲垂在地上。我建议："根据此处的地形，造园时要用叠石垒山来增高高处，同时把低处挖得更深一些。树木错落有致地安插在山腰上，盘曲的树根间放上石块，山水意境就呈现出来了。在池塘边建造亭台，参差不齐的倒影映在水中，再挖凿弯曲的沟壑，搭建悬空的游廊，建成后的景致会出乎我们的意料。"园子建好后，吴又于非常高兴地说："这个园子从进门到出门不过四百步，但是我认为这个园子将江南的美景都呈现出来了。"此后，我又接到几个小工程，尽管都是方寸之间的小园子，但能把我的奇思妙想发挥出来，我自己也乐在其中。

后来，中书大人汪士衡请我在江苏銮江西边建造了寤园，建成后非常符合士大夫的志趣，这座园子与吴又于的园子闻名大江南北。在建造寤园期间，我整理了相关的图纸和文稿，写成了《园牧》一书。姑孰的曹元甫到寤园游玩，我和园主人一起陪他在这里逗留了几天，他对寤园赞许有嘉，说眼前的景致就如同关仝和荆浩的山水画一样美，问我什么时候把造园的方法撰写成文。我就把书稿拿给他看。曹先生说："我从来没听过也没见过这样的书，为什么叫'牧'呢？这是你独创的，将它改为'冶'才更合适。"

崇祯四年（1631 年）秋末，否道人空闲时写于扈冶堂

【问答研读】

1. 计成是明末造园家，他写成了中国最早、最系统的也是世界上最早的造园著作（　　），是世界造园学最早的名著。

A.《瓶史》　B.《三辅黄图》　C.《园冶》　D.《闲情偶寄》

2. 以下哪项是计成在掇叠假山时依据的原则？（　　）

A. 仿照真山掇叠假山　　B. 仿照山水画掇叠假山

C. 随意发挥掇叠假山　　D. 像迎春神的时候垒成石头堆

3. 计成为吴又于主持建造园林时，首先踏察了此处的地形，发现这里地势高峻，邻近的水源低深，地基上古树参天，枝条盘曲垂在地上，因此提出了（　　）的园林规划设计方案。

A. 用叠石垒山来增高高处　　B. 把低洼处挖得更深一些

C. 树木错落有致地安插在山腰上　　D. 盘曲的树根间放上石块

4. 吴又于对于计成主持建造的园林非常满意，高兴地说："这个园子从进门到出门不过四百步，但是我认为这个园子将江南的美景都呈现出来了。"以下体现江南园林特点的景物包括（　　）。

A. 宏大的建筑　　B. 参差不齐的亭台

C. 悬空的游廊　　D. 中轴对称的布局

5. 曹元甫到寤园游玩，对该园赞许有嘉，并且建议计成将《园牧》改为《园冶》。"冶"在本文中最适当的含义是（　　）。

A. 熔炼金属　　B. 开创　　C. 装饰　　D. 打扮

【延伸阅读】

岭南园林余荫山房

清代私家园林如雨后春笋涌现于全国各地，尤其在南方出现了造园高潮，余荫山房就是代表作之一。该园始建于清同治六年（1867 年），山房故主邬彬是清朝举人，曾任刑部主事，咸丰五年（1855 年）因辅佐王事有功被咸丰皇帝诰授为通奉大夫，官至从二品。他的两个儿子也是举人，因而有"一门三举人，父子同登科"之说。咸丰八年（1858 年）邬彬以母亲年迈为由，辞去官职，归隐乡里，一面全心料理家业，一面勤奋读书。

同治六年（1867 年），族人将建造邬公祠所剩下来面积约为三亩的土地赏给邬彬。邬彬便参考画师绘制的园林景观图纸和在京任职时贝勒王爷赠送的一幅水粉画，又借鉴了广州"海山仙馆"的造园技法，利用这块土地因地制宜地建造余荫山房。经过五年时间，耗资白银三万两，余荫山房于同治十年（1871 年）落成。为纪念先祖的福荫，取"余荫"二字作为园名，期望子孙后代能永泽先祖的福荫。

余荫山房布局精巧，它以“藏而不露”和“缩龙成寸”的手法，将画馆楼台，轩榭山石亭桥尽纳于三亩之地，布成咫尺山林，造成园中有园、景中有景、幽深广阔的绝妙佳境。通过能工巧匠的精雕细刻，全园的文饰做到了丰富而精致、素色而高雅，给人们一种恬静和雅淡的美感，如置身于“波暖尘香”之中。弹丸之地，把亭、台、楼、阁、堂、轩、桥梁、廊堤、石山碧水、浮莲全都包含其中，且回廊、花窗影壁相互借景，游入其中感觉园中有园、景外有景，好一个曲径幽深。余荫山房“书香文雅”，满园的诗联、佳作文采缤纷浓郁，是岭南园林建筑艺术中的精品。

第六节　园林立基，厅堂为主——立基

【编者导读】

园林立基是指勘察地形地势之后对园林的整体布局，包括建筑如何设置，空间如何规划，风景意向如何表达等。计成在立基的建议中，并没有在房屋朝向上做刻板的规定，但提出了“凡园圃立基，定厅堂为主”的法则，并且表明主要建筑物一定要背北朝南的主张，这种立基法则是中国古人生存智慧的体现。

他的园林立基思想大致可以分为两部分，一是对于园墙、馆舍等园林建筑风格提出的基本原则，如“筑垣须广，空地多存”等；二是利用植物、建筑及自然要素共同造景的精巧构思。在阅读中，要体会作者是如何以优美的文字将园林画卷呈现于我们眼前的，以及中国古典园林清雅幽远的意境。

【原文诵读】

凡园圃立基[1]，定厅堂为主。先乎取景，妙在朝南，倘有乔木数株，仅就中庭[2]一二。筑垣须广，空地多存，任意为持，听从排布，择成馆舍，余构亭台；格式随宜，栽培得致。

选向非拘宅相[3]，安门须合厅方。开土堆山，沿池驳岸。曲曲一湾柳月，濯（zhuó）魄[4]清波；遥遥十里荷风，递香幽室。编篱种菊，因之陶令[5]当年；锄岭栽梅，可并庾公[6]故迹。寻幽移竹，对景莳（shì）花[7]。桃李不言，似通津信；池塘倒影，拟入鲛宫[8]。一派涵秋[9]，重阴结夏。疏水若为无尽，断处通桥；开林须酌有因，按时架屋。房廊蜒蜿，楼阁崔巍，动“江流天地外”之情，合“山色有无中”之句。适兴平芜[10]眺远，壮观乔岳[11]瞻遥。高阜可培[12]，低方宜挖。

【注释解读】

1. 立基：确定园林内建筑的位置，同时开始设计空间环境和景物安排布局。

2. 中庭：指厅堂之前的院子，被主要建筑物环绕，一般被称为中庭或庭院。

3. 宅相：指宅子的风水。古人对风水非常迷信，认为家居宅院的朝向和布局会对主人的命运有影响，所以在建造之前或之后会请风水师相看。

4. 濯魄：可以洗涤灵魂的清波，此处是指月光下的水波清澈美好。

5. 陶令：指陶渊明，因其在彭泽当过县令，所以用陶令指代其人。

6. 庾公：指汉代的庾胜将军。此典故意在说明在园林中栽种梅花和菊花的人，也和陶、庾二人一样具有高洁风雅的品格。

7. 莳花：也称为时花，泛指花期不长，开花繁盛的鲜花。

8. 鲛宫：水中鲛人的宫殿。

9. 涵秋：蕴含秋天的情趣。

10. 平芜：平坦的田地。

11. 乔岳：高大的山。

12. 高阜可培：在高的地方培土使其更高。

【译文品读】

但凡为园林立地基，主要是确定厅堂的位置。首先从观景角度来确立，厅堂最好是朝向南方。如果选定的厅堂处有大树，在中庭保留一两株即可。筑墙时应尽量扩大范围，要多留些空地，以便充分保持园林的立意，也便于在园中建筑屋宇，安排景观布局；选择适当的位置建造馆舍，其余零散地可以构筑亭台作为点缀；建筑风格要与园林的布局和风格相适应，栽植的花木也要富有情致。

选择建筑的方向不要受房宅风水的束缚，园林大门的位置要与厅堂的方位一致。用开凿池塘的土堆垒成山，池水沿边用石头砌成堤岸。一弯曲折的池水倒映出明月和柳影，皎洁的月光与清澈的微波交相辉映；清风吹过遥遥十里荷塘，把荷花的清香吹进幽静的居室。编织篱笆种植菊花，可效法当年的陶渊明；开凿路径栽种梅花，其功绩可与古时的庾胜将军相提并论。想有幽境则移植竹林，想与景相对则栽种花草。静静的桃李下蜿蜒的小径，似乎可引人通向渡口；清澈的池水倒映阁楼，似乎可进入鲛人的宫殿。一派流水蕴含着秋色，重重树荫消散着夏日。疏通流水时若想要无尽的韵味，则在断水处架通桥梁；种植花木时要考虑时节和意趣，构建与之相应的亭台楼阁。房廊曲折延伸，楼阁凌空高峻，使人能产生“江流天地外”的情思，融入“山色有无中”的意境。想要壮阔胸怀则可遥望高峻的山峰。高的地势可以培土使之更高，低的地方适宜挖掘使之更深。

【问答研读】

1. 但凡为园林立地基，主要是确定厅堂的位置，从观景角度来讲厅堂最好是朝向（　　）。

2. 在给园林筑墙时，应尽量扩大范围并且多留些空地，这样做的好处是（　　）。

A. 保持园林的立意　　B. 建造屋宇

C. 节约建园费用　　D. 安排景观布局

3. 原文中的“编篱种菊，因之陶令当年；锄岭栽梅，可并庾公故迹”引用了陶渊明种植菊花，庾胜将军与大庾岭梅花的典故，在文中的用意是什么？

4. 原文中“曲曲一湾柳月，濯魄清波；遥遥十里荷风，递香幽室”，描绘的是园林中的哪类景观？（　　）

A. 水景　　B. 园路景观　　C. 设施景观　　D. 建筑景观

5. 背诵“寻幽移竹，对景莳花。桃李不言，似通津信；池塘倒影，拟入鲛宫。一派涵秋，重阴结夏。疏水若为无尽，断处通桥；开林须酌有因，按时架屋。房廊蜒蜿，楼阁崔巍，动江流天地外之情，合山色有无中之句”，并体会园林意境。

【延伸阅读】

留园的多重庭院空间

留园位于苏州阊门外留园路，始建于明代，是中国四大名园之一。

留园以建筑艺术精湛著称，厅堂宏敞华丽，庭院富有变化，太湖石以冠云峰为最，“不出城郭而获山林之趣”，其建筑空间处理精湛，园林空间体系有节奏有韵律，成为世界闻名的建筑空间艺术处理的范例。全园大致分为中、东、西、北四部分，东部以建筑为主，中部为山水花园，西部是土石相间的假山，北部则是田园风光。

东园是由厅轩、曲廊、门洞、漏窗围合起来的多重庭院空间。身处其中，只觉空间变化节奏明快、开合自如，随着光线的变化仿佛在时空隧道中行走。这里的建筑形式也非常丰富，有亭、半亭、廊、轩、堂，光线和空气在它们之间穿梭，忽明忽暗，变奏而融合，所见之处皆含不尽之意。整个东园以五峰仙馆为中心，环以汲古得修绠、揖峰轩、鹤所和还读我书斋等多座小型建筑和连廊。旧时的园主人多在五峰仙馆宴请宾客，而环绕四周的小建筑和小庭院则是宴会开始前供客人们小憩等候的最佳场所。先到的客人们或听琴，或下棋，或闲谈呷茶，每个人都能在某个空间或角落找到乐趣。这里没有两处相同的空间，不同使用空间的巧妙衔接创造出这群建筑和庭院丰富多彩的情趣，使人流连忘返，体现了建园者的巧思妙构。

第七节　构合时宜，式征清赏——装折

【编者导读】

一座建筑物在大木、瓦作完成后，实际上还只是一个毛坯，需要根据生活和审美的要求，进行装修，添置器物，才能具备安居的条件。装修工作又分为内檐和外檐两部分，这里所说的“装折”就是建筑学上的内檐装修，它的内容很广泛，包括门窗、栏杆、天棚、挂落、纱槅、家具等器物的设计与安插。

这篇文章采用了总分总的逻辑结构，在文中开篇提出“凡造作难于装修，惟园屋异乎家宅……如端方中须寻曲折，到曲折处环定端方，相间得宜，错综为妙”的总则，来说明园林装折的精妙。中间部分根据具体的情境说明了窗壁、门户、门扇、窗棂等在技术和艺术审美上的要求。最后总结观点，提出园林的结构要体现出时空变化的意趣，选择的装折样式要清新雅致，赏心悦目。

【原文诵读】

凡造作难于装修，惟园屋异乎家宅，曲折有条，端方非额[1]，如端方中须寻曲折，到曲折处环定端方，相间得宜，错综为妙。装壁应为排比，安门分出来由。假如全房数间，内中隔开可矣。定存后步一架，余外添设何哉？便径他居，复成别馆。砖墙留夹[2]，可通不断之房廊；板壁[3]常空，隐出别壶之天地。亭台影罅（xià）[4]，楼阁虚邻。绝处犹开，低方忽上。楼梯仅乎室侧，台级藉矣山阿。

门扇岂异寻常，窗棂遵时各式。掩宜合线，嵌不窥丝。落步[5]栏杆，长廊犹胜，半墙户槅[6]，是室皆然。古以菱花为巧，今之柳叶生奇。加之明瓦[7]斯坚，外护风窗[8]觉密。

半楼半屋，依替木[9]不妨一色天花；藏房藏阁[10]，靠虚檐无碍半弯月牖（yǒu）。借架高檐，须知下卷。出幕[11]若分别院，连墙拟越深斋。构合时宜，式征清赏。

【注释解读】

1. 额：这里是指建筑物中方整的东西，如匾额、额枋等。

2. 砖墙留夹：指房屋山墙和院落的院墙中间所夹的狭长通道。

3. 板壁：室内由木板构造分隔而成的墙壁，泛指用来分隔空间或围造空间的墙壁。

4. 罅：裂缝。

5. 落步：厅堂之前台阶的边缘部分。

6. 户槅：门窗上的隔扇。

7. 明瓦：把牡蛎壳打磨成半透明状，镶在窗上，它比窗纸结实，而且透光性更好。古代园林常用此方法代替传统的糊窗纸。

8. 风窗：在花窗外安装的一种有防风作用的保护性窗户。

9. 替木：在柱子上面加的一根横木，用来承接上面的一些建筑结构。

10. 藏房藏阁：在建筑布局中被隐藏起来的房屋或阁楼。

11. 出幕：从室内到别处的庭院。

【译文品读】

房屋建造最难的就是对空间的装饰，而园林建筑的装饰更不同于一般的住宅，讲究在变化之中要有条理，方正整齐又不显呆板。要在方正的布局中体现出曲折的变化，但曲折的变化不能脱离方正的整体布局。相互搭配要得体适宜，错综曲折要显得巧妙。安装窗壁应讲究对称排列，安装门户要根据出入线路合理规划。假如整座房屋有数间进深，沿进深隔开就行了。在厅堂的后面必须保留后步一架余轩，在保留的余轩外添设些什么呢？可以辟出一条便道通往其他院落，也可再建造一座庭院斋馆。在山墙与院墙之间要留出夹巷，可使房廊产生往复不断的通畅感。每面墙壁外都要留出空间，可让庭院隐现壶中天地的影趣。亭台要多留洞隙透出光影，阁楼要凌空独立。在看似已到尽头的地方却又看到新的风景，来到低处却又忽往上行。楼梯只适合在房屋的一侧架设，台阶可以借助山坡蜿蜒向上。

门扇虽然与寻常宅院的样式没什么不同，但是窗户上的图案样式则要紧跟潮流时尚。门窗关上时应严丝合缝，图案的拼接处要看不到缝隙。厅堂前台阶上安装的栏杆最好与长廊相连接；在半墙之上安装短槅，只要是屋室都是如此。古代的窗棂都将菱花作为精巧的图案，现在则认为柳叶图案非常美观。给窗户嵌上明瓦既美观又牢固，在外部加上风窗会更加严实。

半楼半屋的房子，可以沿着房梁下的替木，做成同一款式和颜色的天花。那些隐藏的阁楼或房屋，可以在靠虚檐处做半月形的窗户。如果借用草架结构抬升屋檐的高度，就应该添建敞卷。从室内到别处的庭院，可以在连接庭院的墙上辟出门洞，由此进入别院的斋馆。总而言之，园林的结构要体现出时空变化的意趣，选择的装折样式要清新雅致，赏心悦目。

【问答研读】

1. 房屋的建造最难的就是对空间的装饰，而园林建筑的装饰更不同于一般的住宅，讲究在变化之中要有条理，方正整齐又不显呆板。你认为这种说法正确吗?

2. 园林建筑的窗户应讲究（　　）之美，安装门户要根据出入线路合理规划。

A. 大小错落　　B. 整齐划一　　C. 风格混搭　　D. 对称

3. 园林中的墙壁外要尽可能留出一些空间，这样做的好处在于（　　）。

A. 可以通风　　B. 可以让庭院隐现出壶中天地的影趣

C. 便于采光　　D. 节省物料

4. 园林建筑的门扇与寻常宅院的样式没什么不同，但是也有特殊的要求，其中包括（　　）。

A. 窗户上的图案样式要潮流时尚

B. 门窗关上时要严丝合缝

C. 图案的拼接处不能有缝隙

D. 材质要坚固耐用

5. 以下几句话中，最能体现出园林装折核心思想的是（　　）。

A. 相间得宜，错综为妙　　B. 便径他居，复成别馆

C. 清新雅致，赏心悦目　　D. 亭台影罅，楼阁虚邻

【延伸阅读】

沧浪亭一百零八扇漏窗

著名建筑大师贝聿铭曾说过，“在西方，窗户就是窗户，它放进光线和新鲜的空气，但对中国人来说，它是一个画框，花园永远在它外头”。漏窗便是这句话最好的印证。每一个漏窗都是一卷画一首诗，静静地晕染开来，像是无须美颜的相机，随意一框，便是满园诗意。

沧浪亭全园的漏窗，久负盛名，共有108种样式，分布于园墙、廊墙、花墙之上。外观各式各样，镂空的花纹也是绚烂多彩，就漏窗框架的形状来看，有方形、多边形、圆形、扇形、海棠形、花瓶形、石榴形、如意形、秋叶形、宫殿形、桃形等，以方形和多边形居多。一般来说，走廊上成排的漏窗，其形状尺寸、间隔多为相同或者相近，产生出和谐的节奏感。一些特殊的窗框形状，在沧浪亭内并不是很多，如扇形、石榴形、秋叶形、桃形，分布在廊道的转折处或者一扇洞门内，采用与廊道上不同的窗框色彩，形成了多重的视觉效果。漏窗的窗芯图案内容取材广泛，形式多样，大致可分为自然具象形和几何抽象形。自然具象形的图案在沧浪亭内有很多类型，取材范围较为广泛，有植物花卉的变形，如桃、荷花、缠绕的树根、芭蕉叶、梅花、秋叶、葵花等形状。虫鱼鸟兽这种自然形体的变形在沧浪亭的窗芯图案中不多见，有龟背纹和云龙纹等。几何抽象形的窗芯图案在沧浪亭的漏窗窗芯图案中占了绝大部分，常见的有方形、万字形、冰裂纹、多边形等。漏窗图案象征意味颇多，工匠利用漏窗这种艺术表现方式，托物言志，表达了向往美好幸福的心愿。比如石榴形漏窗象征多子多福，一只花瓶内插三支戟，预示主人官运亨通。

漏窗作为园林艺术的一种表现形式，它的作用不仅在于装饰，而在于对空间的改造，对空间美感的升华。透过漏窗，景区似隔非隔，似隐非隐。望出去往往光影迷离斑驳，使原来的景致得到拓展和延伸。随着游人的脚步移动，景色也随之变化，真正产生了“步移景异”的效果。

第八节　瘦漏生奇，玲珑安巧——掇山

【编者导读】

中国古典园林中处处都有假山的身影，可谓无园不石，无石不园。那些被精心堆叠的石块，在园林中有了生命力，成为园林艺术的精华所在。有些假山所营造的艺术意境，远远超过了真实的山石，形成了更为高深的审美意趣。假山是使园林具有幽远情致的景物，所谓“景有尽而意无穷”。

根据全文所表达的三层含义，我们将其分为三段，第一段主要介绍了掇山应当注意的安全事项，要做到“绳索坚牢，扛台稳重”；第二段通过举例的方式讲解了掇山的艺术设计，要避免“排如炉烛花瓶，列似刀山剑树”的排列方式；第三段主要讲在堆叠假山之前，应先把山麓精心构思好。最后总结自己对于掇叠假山的心得体会，那就是天赋灵性固然重要，但是人的不断努力才是更重要的。

【原文诵读】

掇（duō）山[1]之始，桩木为先，较其短长，察乎虚实。随势挖其麻柱[2]，谅高挂以称竿。绳索坚牢，扛台稳重。立根铺以粗石，大块满盖桩头；堑里扫以查灰，着潮尽钻山骨。方堆顽夯而起，渐以皴（cūn）纹而加；瘦漏生奇，玲珑安巧。峭壁贵于直立，悬崖使其后坚。岩、峦、洞、穴之莫穷，涧、壑、坡、矶之俨是；信足疑无别境，举头自有深情。蹊径盘且长，峰峦秀而古。多方景胜，咫（zhǐ）尺山林[3]，妙在得乎一人[4]，雅从兼于半土。

假如一块中竖而为主石，两条傍插而呼劈峰，独立端严，次相辅弼（bì）如排列，状若趋承。主石虽忌于居中，宜中者也可；劈峰总较于不用，岂用乎断然。排如炉烛花瓶，列似刀山剑树[5]；峰虚五老[6]，池凿四方。下洞上台，东亭西榭。罅（xià）堪窥管中之豹，路类张孩戏之猫[7]。小藉金鱼之缸，大若酆（fēng）都[8]之境。时宜得致，古式何裁？

深意画图，余情丘壑。未山先麓，自然地势之嶙嶒（céng）；构土成冈，不在石形之巧拙。宜台宜榭，邀月招云；成径成蹊，寻花问柳。临池驳以石块，粗夯[9]用之有方。结岭挑之土堆，高低观之多致；欲知堆土之奥妙，还拟理石之精微。山林意味深求，花木情缘易逗[10]。有真为假，做假成真；稍动天机，全叨人力。探奇投好，同志须知。

【注释解读】

1. 掇山：把奇巧的石头叠成假山。

2. 麻柱：古代起重工具上的立杆。

3. 咫尺山林：指人工建筑的山水园林。

4. 一人：指造园师。

5. 刀山剑树：形容水平不高的造园师在布局园林时把山和树排布得像笔直的刀剑，死板机械，没有生机意趣。

6. 五老：江西庐山的五老峰。

7. 张孩戏之猫：指“儿童猫捉老鼠”的游戏，用来形容园林中的道路纵横杂乱，没有规律可循。

8. 酆都：今重庆丰都县，传说是鬼魂聚集的阴曹地府。

9. 粗夯：形容山石粗笨。

10. 逗：招引，引惹。

【译文品读】

开始掇叠假山时，先要用桩木打好基础，确定桩木基础的深浅，清楚假山地基中土壤的虚实情况。根据地基的形态挖穴立桩，估量山体的高度后拴好起重的吊杆。起吊的绳索要坚韧，还要捆绑牢固，起吊放落务求稳重。修筑假山时，要先用粗石铺底，然后用大块的石头盖住地桩的顶部，用碎石灰渣填充基坑，如果坑中过于潮湿，应尽量用山石垫底。垒筑假山要先用坚硬的石头夯脚，再根据石块纹理按照绘画中的皴法垒筑；这样就能让假山呈现出“瘦”“漏”的奇妙景观，玲珑优美的形态都是巧妙运用石头纹理的结果。堆叠峭壁贵在能体现出突兀矗立之感，叠造悬崖一定保证那些悬空的石头底部坚固牢靠。人工叠成的山岩、山峦、洞穴要显得幽深莫测，山涧、沟壑、山坡、石矶要显得自然。信步漫游时本来觉得“山穷水尽疑无路”，但抬头仰望却又有“柳暗花明又一村”之情致。山间的小径盘曲绵延，峰峦秀丽苍翠，处处都是美丽的景致，咫尺之地却尽显山林的自然风情。这种园林佳境虽然得益于设计者的奇妙构思，但也得益于园主人的优雅情趣。

假如将一块大石作为主峰竖立在中间，两边分插稍小的石头作为劈峰，那么主峰要独立而显现出威严之势，两边的劈峰要呈现左右辅佐映衬主峰的作用，三座山峰的排列就像君臣一般，劈峰的状态要像臣子趋承君王一样。主峰一般都忌讳独立摆放在正中间，但是如果形态和环境适合放在中间也可以；主石居中的最好不用劈峰，也没必要非得固执地采用。现在掇山的排列形式就如同神案上的炉烛和花瓶，或像地狱中的刀山剑树一样呆板；山峰排列得像分立的五老峰，水池非要挖凿得四四方方；山下凿了岩洞就会在上面建造平台，在东面造亭子，就会在西面建水榭。掇叠假山只求百孔千洞的形式，就如同管中窥豹；园路铺设只求犬牙交错的形态，就像是为了小孩捉迷藏一样；垒砌的小山就像金鱼缸里的顽石一样呆板无趣，垒砌的大山就如同丰都的阴曹地府。现在人们把这些当作风雅，可传统的造园方法哪有这样的风格？

掇山要如同绘画般饱含深意，寄雅情于自然沟壑之中，得意趣于具体的景象之外。在堆叠假山之前，应先把山麓精心构思好，借助自然地势的起伏有致，营造出嶙峋陡险；堆土构造山冈，不在于石块自身是巧是拙。在适合筑台的地方就筑台，在适合建水榭的地方就建水榭，要给人登台可邀月，入榭可招云之感。在适合开辟道路的地方就开辟路径，给人信步其间可寻花问柳之感。池岸要用石块砌筑，要将粗顽的石头用在合适的地方；挑土堆垒构建成土山，起伏有致、高低变化。要知道堆垒土山的技巧，需要掌握叠山理石的一些规律。

人工山水要体现出自然山林的意味，每处花木都要让人观之动情。要仿造真山的意境建造假山，使假山体现出真山的神韵。垒砌假山虽然要依靠天赋灵性，但更在于人的不断努力。这是园林艺术爱好者以及所有志同道合的人必须要明白的。

【问答研读】

1. 原文中“掇山之始，桩木为先，较其短长，察乎虚实。随势挖其麻柱，谅高挂以称竿。绳索坚牢，扛台稳重。”主要讲的是掇山的（　　）。

A. 注意事项　B. 原理　C. 标准　D 规则

2. 修筑假山时，要先用粗石铺底，然后用大块的石头盖住地桩的顶部，用碎石灰渣填充地基坑，如果坑中过于潮湿，应尽量用山石垫底。这样做的主要原因是为了使假山（　）。

A. 美观　B. 富有情趣　C. 安全稳固　D. 模仿真山

3. 垒筑假山要根据石块纹理按照绘画中的皴法垒筑，这样就能让假山呈现出“瘦”“漏”的奇妙景观，玲珑优美的形态都是巧妙运用石头（　　）的结果。

A. 形状　B. 纹理　C. 质地　D. 颜色

4. 山间的小径盘曲绵延，峰峦秀丽苍翠，处处都是美丽的景致，咫尺之地却尽显山林的自然风情。这种园林佳境完全得益于园林设计者的奇妙构思。这种说法正确吗？

5. 计成推崇的造园意境与当时人们喜欢的风格有很多不同之处，以下哪些不是计成推崇的园林意趣？（　　）

A. 掇山的排列形式要整齐划一

B. 园路铺设成犬牙交错的形态

C. 东面造亭子就要在西面建水榭

D. 水池要挖凿得四四方方

【延伸阅读】

环秀山庄的假山

环秀山庄位于苏州景德路，原为五代钱氏金谷园故址，几经易手，多次扩建，清道光始称环秀山庄，又名颐园。环秀山庄被列为苏州名园主要是因其假山。

今之假山是清代叠山大师戈裕良（1764—1827年）所堆。他继承了清代著名山水画家石涛的“笔意”，因而所叠假山既有远山之姿，又有层次分明的山势肌理。正面山形颇似苏州西郊的狮子山，主峰突起于前，次山相衬在后，雄奇峻峭，相互呼应。主山以东北方的平冈短阜作起势，呈连绵不断之状，使主山不仅有高耸感，又有奔腾跃动之势。至西南角，山形成崖峦，动势延续向外斜出，面临水池。山体以大块竖石为骨架，叠成垂直状石壁，收顶峰端，形成平地拔起的秀峰，峰姿倾劈有直插江边之势，好似画中之斧劈法。山脚与池水相接，岸脚上实下虚，宛如天然水窟，又似一个个泉水之源头，与雄健的山石相对照，生动自然。

主山的前山与后山间有两条幽谷：一条是从西北流向东南的山涧；另一条是东西方向的山谷。涧谷汇合于山之中央，呈丁字形，把主山分割成三部分，外观峰壑林立，内部洞穴空灵。前后山之间形成宽约1.5米、高约6米的涧谷。山虽有分隔，而气势仍趋一致，由东向西。山后的尾部似延伸不尽，被墙所截。据说，这是清代“处大山之麓，截溪断谷”之叠山手法。山涧之上，用平板石梁连接，前后左右互相衬托，有主、有宾、有层次、有深度。更由于山是实的，谷是虚的，所以又形成虚实对比。山上植花木，春开牡丹，夏有紫薇，秋有菊，冬有柏，使山石景观生机盎然。

假山后面有小亭，依山傍水，旁侧有小崖石潭，借“素湍绿潭，回清倒影”之意，故取名“半潭秋水一房山”。在亭中观山，岩崖若画。周围林木清荫，苍枝虬干，饶有野趣。出亭北，缘石级向下，山溪低流，峰石参差，有路通往园北的“补秋舫”。舫的南面临水。此建筑面阔三间，与池南的大厅遥相呼应。

第二部分

《长物志》——园居生活篇

《长物志》是明代文震亨所撰写，成书于1621年，被收入《四库全书》。文震亨是明代大书画家文征明的曾孙，天启年间被选为贡生，平时游园、咏园、画园，也居家自造园林。《长物志》全书十二卷，与园林直接相关的有室庐、花木、水石、禽鱼、蔬果五志，另外七志与园林有间接的关系。相比于《园冶》,《长物志》更注重对园林的玩赏，与《园冶》更注重园林的技术性问题正可互为补充。

在本书中，我们选择了室庐、花木、盆玩、品石和禽鱼五部分内容的总论段落，来了解作者对于居所环境、花木栽植、盆景意韵、砚山盆石、禽鱼玩赏的情趣和品位。这部分内容文字清秀，易于理解，使读者可以感受到明代文人雅士的生活意趣和审美情趣。书中内容多是作者根据自己的经历和体验提出的观点，带有深刻的时代烙印。在阅读和体会作者观点的基础上，我们也要学会甄别并提出自己的看法。

第一节　门厅雅洁，室庐清靓——室庐

【编者导读】

江南园林的繁盛自明代开始，当时的高雅之士喜欢去山水绝佳之处建园。但不是人人都能去山中建园，不仅交通不便，而且花费高昂。计成倡导因地制宜，城里也可以建造园林。

文震亨所在的文氏家族便是"大隐隐于市"、世代居住在苏州的大族，他们讲究生活情调，也喜好造园。文震亨构筑的香草堂，正如他所说"令居之者忘老，寓之者忘归，游之者忘倦"。因此《室庐》开篇讲到，虽然他也希望将居所建在山林中，但是即便居于闹市，也要用心收拾一番，使门庭雅洁，居住惬意。

【原文诵读】

居山水间者为上，村居次之，郊居又次之。吾侪（chái）纵不能栖岩止谷，追绮园[1]之踪，而混迹廛（chán）市[2]，要须门庭雅洁，室庐清靓，亭台具旷士之怀，斋阁有幽人之致。又当种佳木怪箨（tuò）[3]，陈金石图书，令居之者忘老，寓之者忘归，游之者忘倦。蕴隆[4]则飒然而寒，凛冽则煦然而燠（yù）[5]。若徒侈土木，尚丹垩（è）[6]，真同桎梏樊槛（jiàn）[7]而已。

【注释解读】

1. 绮园：指秦汉时期的绮里季和东园公为避乱而隐居商山。

2. 廛市：闹市。

3. 箨：竹笋外层的笋壳。

4. 蕴隆：暑气郁结而隆盛。

5. 燠：热。

6. 丹垩：丹是红色，垩是一种白色土，此处是指油漆粉刷。

7. 樊槛：此处喻指囚笼。樊：指鸟笼。槛：指兽圈。

【译文品读】

居住在山水之间是上选，居住在村中略差些，居住在郊外就更差了。我们虽然不能在岩洞和山谷中居住，来追随绮里季和东园公这些隐士的踪迹，但纵使居住在闹市，也要门庭雅致洁净，房屋清幽整洁，亭台楼阁要有旷达之士的情怀，书斋要有隐士高人的情致。还应当种植佳木翠竹，陈列金石书画，使居住其中的人不觉岁月流逝，客居此处的人乐不思归，前来游玩的人忘却疲倦。夏季酷暑难耐时，让人有清凉之感；冬天寒风凛冽时，让人感到温暖舒适。如果只是大兴土木，粉刷涂饰，就真的如同鸟笼和兽圈了。

【问答研读】

1. 作者认为，人们的居所建在（　　）是最好的。

A. 村中　　B. 山水之间　　C. 岩洞山谷　　D. 郊外

2. 作者认为自己即使居住在闹市，但是对于居所也有自己的标准和要求，其中包括（　　）。

A. 门庭雅洁　　B. 室庐清靓

C. 亭台具旷士之怀　　D. 斋阁有幽人之致

3. 作者认为应当对居所进行（　　）的室内外装饰，才能受到居者、客居者和来此游玩人的喜欢。

A. 大兴土木　B. 粉刷涂饰　　C. 种植佳木翠竹　D. 陈列金石书画

【延伸阅读】

刘禹锡的陋室

据史载，刘禹锡在任监察御史期间，曾参加了王叔文的“永贞革新”，反对宦官和藩镇割据势力。革新失败后，他被贬为朗州司马，迁连州刺史及安徽和州县通判。按唐时规定，他应住衙门内三间三厅之房。但和州县的策知县是个势利小人，认为刘禹锡是被贬之人，便给他小鞋穿，安排他到城南门外临江的三间小房居住。对此，刘禹锡不以为意，反而根据住地景观写了一副“面对大江观白帆，身在和州思争辩”的对联贴在门上。做贼心虚的策知县见之，甚为恼火，马上将刘禹锡移居别地，并把住房面积减去一半。此房位于德胜河边，岸柳婆娑，山青水秀。刘禹锡见此景色，更是怡然自乐。于是，他又撰写一副对联：“杨柳青青江水平，人在历阳心在京。”策知县闻讯后，更加恼怒，又下令将刘禹锡撵到城中间只能放一床一桌一椅的破旧小房中居住。

半年光景，刘禹锡的“家”被折腾了三次。激愤之中，刘禹锡心中有话，如鲠在喉，不吐不快，遂一气呵成，写了一篇《陋室铭》，并请人刻碑立于门外：山不在高，有仙则名；水不在深，有龙则灵。斯是陋室，惟吾德馨。苔痕上阶绿，草色入帘青。谈笑有鸿儒，往来无白丁，可以调素琴，阅金经。无丝竹之乱耳，无案牍之劳形，南阳诸葛庐，西蜀子云亭。孔子曰：“何陋之有？”堪谓字字珠玑、错落有致、构思巧妙、寓意深刻的《陋室铭》，充分表达了作者高尚的节操和安贫乐道的生活情趣。

第二节　四时不断，皆入图画——花木

【编者导读】

明清时期的江南园林对于花木的种植非常讲究，正如叶圣陶评苏州园林“讲究花草树木的映衬，讲究近景远景的层次”。当时的园林主要采取自然式配置的花木种植方式，如孤植、丛植、群植等，具有活泼幽雅的自然情调。

这篇文章是文震亨写在花木卷篇首的序言，陈述了他关于种植花木的总体思想。他认为真正的种花人会懂得种花的辛劳，对于赏花时的种种铺张排场是情之所至、爱之所钟的表现。庭院中花木的种植要古雅而有意趣，枝叶修剪得疏密有致，位置也要安排合适。四季花木要搭配得当，一年四季都要有景可赏。

【原文诵读】

弄花一岁，看花十日。故帏（wéi）箔[1]映蔽，铃索护持，非徒富贵容也。第繁花杂木，宜以亩计。乃若庭除槛畔，必以虬枝古干，异种奇名，枝叶扶疏，位置疏密。或水边石际，横偃（yǎn）斜披；或一望成林；或孤枝独秀。草花不可繁杂，随处植之，取其四时不断，皆入图画。又如桃、李不可植于庭除，似宜远望；红梅、绛桃，俱借以点缀林中，不宜多植。梅生山中，有苔藓者，移置药栏，最古。杏花差不耐久，开时多值风雨，仅可作片时玩。蜡梅冬月最不可少，他如豆棚、菜圃，山家风味，固自不恶，然必辟隙地数顷，别为一区。若于庭除种植，便非韵事。更有石磉（sǎng）[2]木柱，架缚精整者，愈入恶道。至于艺兰栽菊，古各有方。时取以课园丁，考职事，亦幽人之务也。

【注释解读】

1. 帏箔：帷幕和帘子。

2. 石磉：木柱下的石墩，是搭建花架的材料。

【译文品读】

养植花木一年，赏花只有十天。所以用帷幕和帘子为花木遮蔽日光，用系铃的绳索吓走鸟雀，这并非仅仅为了花开时的娇美容貌。种植花木植物，应当用亩来计算。至于庭院和栅栏边，应当用虬劲的枝条，古老的树干，品种奇异、名字奇特、枝叶茂盛、疏密有致的植物来装点。或者在水边石旁，一棵古树横卧斜坡，或者一望成林，或者孤植一棵大树，有一枝独秀的意境。草木不能太繁杂，可以随处种植，使四季风景不断，都可以进入画境。桃树、李树不能种在庭院，桃李只适合远望。红梅和绛桃都是用来点缀的，不适合多种。梅花生在山中，将其中长有苔藓的植株移栽到花栏里，最有古远的意境。杏花花期不长，花开时节风雨正多，只能短暂观赏。冬天蜡梅是必不可少的。其他的如豆棚、菜圃等山野风情虽然也不差，但是必须要单独辟出空地来种植，使它们自成一区，如果种在庭院就有失风雅了。如果用石墩、木柱精心搭架绑束这些植物就更加恶俗了。至于种植兰花和菊花，古时候都有方法。现在用来培训园丁，考核技艺，也是幽居之士的事务了。

【问答研读】

1. 养植花木一年，赏花只有十天，所以要用帷幕和帘子为花木遮蔽日光，用系铃铛的绳索吓走鸟雀，这只是为了欣赏花朵的娇美容貌。这种说法正确吗？

2. 在庭院种植植物时，或者一望成林，或者孤植一棵大树，这是采用了园林种植中的________和________方法。

3. 作者认为庭院中的植物种植要有基本的原则，这条原则是什么？

4. 作者认为，以下哪些植物不适合种植在庭院？（　　）

A. 桃树　　B. 蜡梅　　C. 梅花　　D. 李树

5.《红楼梦》第十七回中写道：“一面走，一面说，倏尔青山斜阻。转过山怀中，隐隐露出一带黄泥筑就矮墙，墙头皆用稻茎掩护。有几百样杏花，如喷火蒸霞一般。里面数楹茅屋。外面却是桑、榆、槿、柘，各色树稚新条，随其曲折，编就两溜青篱。篱外山坡之下，有一土井，旁有桔槔辘轳之属。下面分畦列亩，佳蔬菜花，漫然无际。”这是大观园稻香村的景色。请问这样的种植配置符合文震亨在《花木》中提出的哪条原则呢？

【延伸阅读】

老舍养花的乐趣

人民艺术家老舍是富于情趣、热爱生活的。他善于用通俗、平白的文字来反映时代和生活。《养花》一文是老舍先生 1956 年创作的一篇散文。通过写养花的过程，老舍先生表达了养花的乐趣：有喜有忧，有笑有泪，有花有果，有香有色。既须劳动，又长见识，辑录全文如下，供大家参悟体会“养花一岁，看花十日”的辛劳和意趣。

我爱花，所以也爱养花。我可还没成为养花专家，因为没有工夫去研究和试验。我只把养花当作生活中的一种乐趣，花开得大小好坏都不计较，只要开花，我就高兴。在我的小院子里，一到夏天满是花草，小猫只好上房去玩，地上没有它们的运动场。

花虽然多，但没有奇花异草。珍贵的花草不易养活，看着一棵好花生病要死是件难过的事。北京的气候，对养花来说，不算很好。冬天冷，春天多风，夏天不是干旱就是大雨倾盆；秋天最好，可是忽然会闹霜冻。在这种气候里，想把南方的好花养活，我还没有那么大的本事。因此，我只养些好种易活、自己会奋斗的花草。

不过，尽管花草自己会奋斗，我若置之不理，任其自生自灭，它们多数还是会死了的。我得天天照管它们，像好朋友似的关切它们。一来二去，我摸着一些门道：有的喜阴，就别放在太阳地里；有的喜干，就别多浇水。这是个乐趣，摸住门道，花草养活了，而且三年五载老活着、开花，多么有意思啊！不是乱吹，这就是知识啊！多得些知识，一定不是坏事。

我不是有腿病吗，不但不利于行，也不利于久坐。我不知道花草们受我的照顾，感谢我不感谢；我可得感谢它们。在我工作的时候，我总是写几十个字，就到院中去看看，浇浇这棵，搬搬那盆，然后回到屋中再写一点，然后再出去，如此循环，让脑力劳动和体力劳动结合到一起，有益身心，胜于吃药。要是赶上狂风暴雨或天气突变，就得全家动员，抢救花草，十分紧张。几百盆花，都要很快地抢到屋里去，使人腰酸腿疼，热汗直流。第二天，天气好了，又得把花都搬出

去，就又一次腰酸腿疼，热汗直流。可是，这多么有意思呀！不劳动，连棵花也养不活，这难道不是真理吗？

送牛奶的同志进门就夸“好香”！这使我们全家都感到骄傲。赶到昙花开放的时候，约几位朋友来看看，更有秉烛夜游的味道——昙花总在夜里开放。花分根了，一棵分为几棵，就赠给朋友们一些；看着友人拿走自己的劳动果实，心里自然特别欢喜。

当然，也有伤心的时候，今年夏天就有这么一回。三百棵菊秧还在地上（没到移入盆中的时候），下了暴雨，邻家的墙倒了，菊秧被砸死三十多种，一百多棵。全家几天都没有笑容。

有喜有忧，有笑有泪，有花有果，有香有色。既须劳动，又长见识，这就是养花的乐趣。

第三节　庭榭之中，几案之上——盆玩

【编者导读】

盆景是以植物和山石为基本材料在盆内表现自然景观的艺术品，它是由景、盆、几（架）三个要素组成的，它们之间相互联系构成统一的整体。盆景通过集中塑造大自然的优美景色，达到缩地成寸、小中见大的艺术效果，来表现深远的意境，是文人雅士生活的体现。

明清时期苏州虎丘一带盆景很兴盛，形成了“苏派”盆景，以古雅拙朴见长。作者的观点就是“苏派”盆景的体现，他认为最时尚的盆景不是放在几案上，最具古风意韵的是天目松盆景，它可以做出多种画风不同的造型，参差错落非常美观；接着介绍了枸杞、水冬青、野榆、桧柏、水竹、虎刺以及九节菖蒲等时下常见盆景的特点和审美意韵；最后介绍了与盆景相关的配件和摆件，如盆、玩石、底座的搭配方式。

【原文诵读】

盆玩，时尚以列几案间者为第一，列庭榭中者次之，余持论则反是。最古者以天目松为第一，高不过二尺，短不过尺许，其本如臂，其针若簇，结为马远[1]之“攲（qī）斜诘（jié）曲”，郭熙[2]之“露顶张拳”，刘松年[3]之“偃亚层叠”，盛子照[4]之“拖拽轩翥（zhù）[5]”等状，栽以佳器，槎（chá）牙[6]可观。又有古梅，苍藓鳞皴（cūn）[7]，苔须垂满，含花吐叶，历久不败者，亦古。

若如时尚作沉香片者，甚无谓。盖木片生花，有何趣味？真所谓以“耳食[8]”者矣。又有枸杞及水冬青、野榆、桧柏之属，根若龙蛇，不露束缚锯截痕者，俱高品也。其次则闽之水竹，杭之虎刺，尚在雅俗间。乃若菖蒲九节，神仙所珍，见石则细，见土则粗，极难培养。吴人洗根浇水，竹翦（jiǎn）修净，谓朝取叶间垂露，可以润眼，意极珍之。余谓此宜以石子铺一小庭，遍种其上，雨过青翠，自然生香；若盆中栽植，列几案间，殊为无谓，此与蟠桃、双果之类，俱未敢随俗作好也。他如春之兰蕙，夏之夜合、黄香萱、夹竹桃花；秋之黄密矮菊；

冬之短叶水仙及美人蕉诸种，俱可随时供玩盆。

盆以青绿古铜、白定、官哥[9]等窑为第一，新制者五色内窑[10]及供春粗料可用，余不入品。盆宜圆，不宜方，尤忌长狭。石以灵璧、英石、西山佐之，余亦不入品。斋中亦仅可置一二盆，不可多列。小者忌架于朱几，大者忌置于官砖，得旧石凳或古石莲磉（sǎng）为座，乃佳。

【注释解读】

1. 马远：南宋画家。

2. 郭熙：北宋画家，存世作品有《早春图》《关山春雪图》等。

3. 刘松年：南宋宫廷画家，代表作有《四景山水图》和《天女献花图》。

4. 盛子照：元朝著名的民间画家。

5. 拖拽轩翥：既有拖拽不起之状，又有轩昂高举之态。翥：向上飞。

6. 槎牙：错落不齐。

7. 苍藓鳞皴：苔藓斑驳，树皮皴皱。

8. 耳食：不加省察，徒信传闻。

9. 白定、官哥：指定窑白瓷和官窑、哥窑出产的瓷器。北宋五大名窑为“定汝官哥钧”。

10. 内窑：南宋青瓷器名窑之一。

【译文品读】

现今人们认为最时尚的盆景是陈列在几案上的，陈列在庭院水榭中就差一些，而我的观点恰好相反。我认为最具古风意韵的是天目松盆景，它高的不过二尺，短的只有一尺左右，主干像手臂，针叶像花簇，可以造出像马远画中的“倾斜弯曲”、郭熙画中的“粗犷豪放”、刘松年画中的“交错层叠”、盛子昭画中的“低拽高飞”等形态。这种盆景要用上好的器具栽植，参差错落非常美观。又比如古梅盆景，苍苔青青、树皮皴裂，花朵常开不败，也很有古风意趣。

如果像当下的风尚这样，用沉香片做盆景就没有意思。所谓木片生出花朵，有什么趣味？只不过是徒信传闻而已。枸杞和水冬青、野榆、桧柏这类盆景，根部就像龙蛇虬曲，不要露出束缚锯截的痕迹就是珍品。其次如福建的水竹盆景、杭州的虎刺盆景都处于雅俗之间。至于九节菖蒲这种盆景，就连神仙都非常珍爱，如果种在石中就变细，种在土中就长粗，非常难以养护。吴地的人给盆景洗

根浇水，修剪干净利落，他们认为早上取叶间垂下的露水能够用来润眼，极其珍贵。我认为应当用石子铺一个小庭院来种植菖蒲，雨后枝叶青翠，自然生香。如果在盆中栽植菖蒲，放在几案上就失去了意趣，它与蟠桃、双果一类的东西，都不能趋时随俗。其他花卉盆景，如春天的兰蕙，夏日的夜合、黄香萱和夹竹桃，秋季的黄密矮菊，冬天的短叶水仙及美人蕉等，都可以随时赏玩。

花盆以青绿古铜、定窑白瓷、官窑哥窑出产的瓷器为首选，新窑产的五彩官窑以及供春产的粗料瓷器也可以使用，其他的都不上档次。花盆宜圆不宜方，尤其忌讳细长的盆。盆中用灵璧、英石、西山石来点缀，其余的都不入流。书斋中可以放置一两盆，不宜多放。小盆景不要放在红色的几案上，大盆景不要放在官窑砖上，如果能用旧石凳或古旧的莲花石墩作为盆景的底座是最好的。

【问答研读】

1. 作者认为最具古风意韵的是天目松盆景，它高的不过二尺，短的只有一尺左右，但是却可以做出多种造型，如（　　）等。

A. 倾斜弯曲　　B. 粗犷豪放　　C. 交错层叠　　D. 低拽高飞

2. 作者认为枸杞和水冬青、野榆、桧柏这类盆景，根部就像龙蛇虬曲，所以都是珍品。这种说法正确吗？

3. 作者认为处于雅俗之间的盆景是（　　）。

A. 杭州的虎刺盆景　　B. 古梅盆景

C. 九节菖蒲盆景　　D. 福建的水竹盆景

4. 吴人将九节菖蒲栽种在盆中，认为早上取叶间垂下的露水能够用来润眼。而作者却有不同的观点，他认为应当怎样栽种和欣赏这种植物呢？

5. 从本文来看，作者对于盆景的雅俗主要是从（　　）等方面来品评欣赏的。

A. 植物品种　　B. 花盆　　C. 盆中点缀物　　D. 盆景底座

【延伸阅读】

盆栽的哲学，哲学的盆栽

思索之苑，又名盆栽艺术苑，是韩国唯一的盆栽专类公园，又是世界最大的盆栽公园，素有“遐想的庭院”之称。它位于韩国最大的岛屿济州岛的南端，是一位农夫花36年时间修建而成的。这位农夫就是成范永。他亲手将一片荒凉的乱石地建成了33 000平方米，许多国家领导人前往参观后都叹为观止。

20世纪60年代，成范永曾是首尔一家衬衫公司的老板。1963年他第一次踏上济州岛，面对被日本殖民统治者掠夺后留下的荒山秃岭，他毅然放弃了大城市的生活，决心在济州岛实现自己的梦想：开辟林苑，创造绿色家园。济州岛是火山岛，石多土少，为种树，他每天都要搬走一车车石头，再从几里地外运来泥土。因为无钱购置机械，他在开垦林苑过程中经常体力透支，曾6次被石头砸伤。1992年7月30日，成范永的盆栽艺术苑终于开园了。苑内有100多种温带和亚热带乔、灌木，2000多种精美奇特的艺术盆栽。他还为每一棵盆栽写了“说明词”，并在长期的实践中总结出了“盆栽十德”“盆栽十得”。在这个以绿色生命构成的艺术王国里，人们得到了“观奇草异木，悟人生哲理”的享受，因此他的“盆栽艺术苑”也被赞誉为“思索之苑”。

2006年，他将自己培育盆栽的过程以及发生在艺术苑中的趣事撰写成《思索之苑》一书。人们从中可以真切感受到树木和大自然的新奇与美丽，更会被他质朴而又充沛的感情以及对树木、对生活、对人生独特的深切感悟深深感染。《人民日报》原总编辑、清华大学新闻与传播学院院长范敬宜为此书作序，赞扬成范永先生坚毅执着的当代“愚公”精神，并称这本书为“一位盆栽哲学家的深沉思索”。

第四节　质地如蜡，形如峰峦——品石

【编者导读】

水石为园林建筑中必不可少的点缀。《长物志》卷三“水石”开篇就以“石令人古，水令人远，园林水石，最不可无”道出了水石之于园林的重要性。至于园林中“一峰则太华千寻，一勺则江湖万里”的山水意境，那是高超的造园技艺的体现。

品石就是对石头的品评欣赏。本段文字从石的种类、大小、颜色、声音、质地、形状、用途等角度阐释了作者对园林用石的见解。

【原文诵读】

石以灵璧[1]为上，英石[2]次之，然二种品甚贵，购之颇艰，大者尤不易得，高逾数尺者，便属奇品。小者可置几案间，色如漆，声如玉者最佳。横石以蜡地而峰峦峭拔者为上，俗言“灵璧无峰”“英石无坡”。以余所见，亦不尽然。他石纹片粗大，绝无曲折、屼（wù）嵂（lù）[3]、森耸崚（léng）嶒（céng）[4]者。近更有以大块辰砂、石青、石绿为研山[5]、盆石，最俗。

【注释解读】

1. 灵璧：指灵璧石，该石为安徽省灵璧县特产，石质细腻温润，滑如凝脂，石纹褶皱缠结，造型粗犷峥嵘、气韵苍古。

2. 英石：是广东省英德市的特产，该石具有“皱、瘦、漏、透”的特点，是中国四大园林名石之一，早在宋朝就被列为皇家贡品。

3. 屼嵂：高耸的样子。

4. 森耸崚嶒：形容山势高峻。森耸：众多而高峻。崚嶒：高。

5. 研山：指利用山形的石头，把中间凿为砚，研附于山，故名研山。相传南唐李后主李璟收藏的一块灵璧石山子，就是一件兼具砚、笔架和水滴的复合文具。

【译文品读】

园林用石，以灵璧石为上品，英石次之。但是这两个品种都非常珍贵，很难买到，高大的赏石更是很难得到。高度达到几尺的，就算是珍品了。小块的赏石可以摆放在几案上，色泽如漆器一般光亮，声音像玉石一样清脆的最为上乘。横石以质地如蜡、形状如峰峦陡峭的为上品。人们都说“灵璧无峰”“英石无坡”，在我看来却不尽然。其他石头纹理粗大，没有曲折陡峭、高峻挺拔的气势。现在人们还用大块丹砂、石青、孔雀石做成研山或盆石，非常俗气。

【问答研读】

1. 在作者看来，________和________是赏石中最为珍贵的两个品种。

2. 作者是如何从颜色和声音来评判赏石优劣的？

3. 现在人们还用大块丹砂、石青、孔雀石做成________或________，在作者看来这是非常俗气的。

【延伸阅读】

艮岳奇石今何在

宋徽宗在位期间，于汴京宫城的东北隅营建艮岳，在园林掇山方面称得上集大成者，可谓“括天下之美，藏古今之胜”。此园落成之后，宋徽宗赵佶曾亲写《御制艮岳记》，记载这一盛举。

相传宋徽宗继位之初，未有子嗣，有道士进言：“京城东北隅，地协堪舆，倘形势加以少高，当有多男之祥。”于是就勾起了宋徽宗选石筑山的欲望，一发而不可收，竟至搜刮天下，大兴“花石纲”，结果民怨沸腾，以致金兵乘虚而入，宋徽宗匆匆将皇位传给太子赵恒，史称宋钦宗。两年后，金军攻破都城，将徽、钦二帝掳走，后父子俩相继死于北国。可以说这个酷爱奇石的宋徽宗是一个玩物丧国的典型。元人郝经曾咏道:“万岁山来穷九州，汴堤犹有万人愁。中原自古多亡国，亡宋谁知是石头?”

当徽钦二帝被金兵掳走后，康王赵构即位于商丘，高宗受其父徽宗的熏陶自幼就钟爱奇石，后来高宗把京城迁往扬州，再迁临安（杭州)，把艮岳少量奇石南运，最后安置在了临安皇宫的御花园里。在金世宗修建大宁离宫的时候，派人去汴京把艮岳的太湖石、灵璧石拆下来，令各府州县转运到中都（北京)。这些奇石大部分修了北海的琼华岛。如果从北海公园白塔山沿阶而下，可见山的东北坡怪石嵯峨，古木参天，于幽静中显得瑰丽。这里是旧日燕京八景之一的琼岛春阴，立有乾隆亲题的“琼岛春阴”碑，碑阴刻有乾隆的七律一首:“艮岳移来石岌峨，千秋遗迹感怀多。倚岩松翠龙鳞蔚，入牖篁新凤尾娑。乐志讵因逢胜赏?悦心端为得嘉禾。当春最是耕犁急，每较阴晴发浩歌。”清于敏中等编纂的《日下旧闻考》一书记有乾隆此诗的小序:“承光殿之北，孤屿瞰临北海，相传为辽之琼华岛，山多奇石，宋艮岳之遗，金人辇至于此……”白塔山南坡还有一块乾隆题名的“昆仑石”，石背所刻诗中，有“摩挲艮岳峰头石，千古兴亡一览中”句。乾隆熟知前朝掌故，摩挲着艮岳遗石，不禁发出了兴亡之叹。

乾隆数次下江南，在杭州看见过一些古石精品，疑为宋高宗当年珍爱之物，随即下令将这些古石运到北京，放在御苑之内。中山公园四宜轩旁立的一块灵璧石，有两个半月形洞孔，石上刻有乾隆题的“绘月”二字;社稷坛西门外一块灵璧石上，刻有乾隆题的“青莲朵”三字。“青莲朵”最早存放在圆明园长春园茜园，现已移存中国园林博物馆大厅内。

第五节　驯鸟雀，狎凫鱼——禽鱼

【编者导读】

明代的士大夫阶层追求赏心乐事，社会总体是倾向于享乐的，只是享乐有高雅和低俗之分，文震亨主要是造园赏景，属于高雅的享乐，所以他在文中提出了自己的观点：驯鸟雀、狎凫鱼是园林里的一件正事。之后，描述了士大夫阶层关于观赏禽鸟的审美标准和审美情趣。

【原文诵读】

语鸟拂阁以低飞，游鱼排荇（xìng）[1]而径度，幽人会心，辄令竟日忘倦。顾声音颜色，饮啄态度，远而巢居穴处，眠沙泳浦，戏广浮深，近而穿屋贺厦[2]，知岁司晨啼春噪晚者[3]，品类不可胜纪。丹林绿水，岂令凡俗之品，阑入[4]其中。故必疏其雅洁，可供清玩者数种，令童子爱养饵饲，得其性情，庶几[5]驯鸟雀，狎（xiá）[6]凫（fú）[7]鱼，亦山林之经济[8]也。

【注释解读】

1. 荇：荇菜，多年生草本植物，叶浮在水面，根生水底。
2. 穿屋贺厦：指鸟雀逐人而栖息。
3. 知岁司晨啼春噪晚者：知岁指鹊，司晨指雄鸡，啼春指黄莺，噪晚指乌鸦。
4. 阑入：掺杂进去。
5. 庶几：或许可以。
6. 狎：亲近戏弄。
7. 凫：野鸭。
8. 山林之经济：隐居者的学识和技能。

【译文品读】

鸣鸟贴着屋檐低飞，游鱼穿荇畅游，幽雅之人能领会飞鸟游鱼的真意，整日观赏都不觉得疲倦。欣赏禽鱼的声音、颜色、饮水啄食的姿态，远处有栖息巢穴的飞禽，浮沉嬉戏的游鱼，近处逐人而栖的有燕雀、雄鸡、黄莺、乌鸦等，品种不胜枚举。红透的林木映着碧绿的流水，怎能让凡品俗物掺杂其中呢？所以要挑选雅致高洁、可供玩赏的几种，让童子精心饲养，了解熟悉它们的性情，或许可以驯化鸟雀，亲近戏弄野鸭和游鱼，这也是隐居山林者应当具备的学识和技能。

【问答研读】

1. 文中所提到的“知岁司晨啼春噪晚者”，实际是指四种鸟，它们分别是燕雀、________、________和________。

2. 按照作者在文中提出的观点，世间的禽鱼可以分为两大类，一类是凡品俗物，另一类是雅致高洁的品种。这种说法正确吗？

3. 作者认为，隐居山林者也应当具备一定的学识和技能，根据文中所讲这些学识和技能包括（　　）。

A. 了解禽鱼的性情　　B. 驯化鸟雀

C. 了解禽鱼的市场价格　　D. 亲近戏弄野鸭和游鱼

【延伸阅读】

《红楼梦》里的宠物

说到《红楼梦》里的宠物，我们首先想到的会是潇湘馆的鹦哥，林黛玉和这个宠物关系密切。第三十五回开头有一段非常细腻的描写。这只鹦鹉见黛玉回来，会扑过去欢迎，并且招呼小丫头：“雪雁，快掀帘子，姑娘来了。”黛玉虽然被它嘎的一声扑来吓了一跳，有所嗔怪，但仍以手扣架道：“添了食水不曾？”那鹦哥竟长叹一声，大似黛玉素日吁嗟音韵，念起《葬花词》来。迎出的大丫头紫鹃和黛玉都笑了。黛玉又嘱咐紫鹃，把原来挂在廊子上的鹦哥架，另挂在月洞窗外的钩上，于是进了屋子，吃毕药。“只见窗外竹影映入纱来，满屋内阴阴翠润，几簟生凉……无可释闷，便隔着纱窗调逗鹦哥作戏，又将素日所喜的诗词也教与他念”。从这段描写里可以看出，黛玉的宠物鹦哥不是笼养而是架养，这一方面可能是它体型比较大，另一方面应该是黛玉希望给它以相对自由的活动空间。

《红楼梦》里出现最多的宠物是禽鸟。第三回黛玉初进贾府，先到西边贾母的院落，进入垂花门，只见“两边穿山游廊，厢房挂着各色鹦鹉、画眉等鸟雀”。后来盖起大观园，怡红院里禽鸟更多。第二十六回通过到访的贾芸眼中看到“那边有两只仙鹤在松树下剔翎”，又写到“一溜回廊上吊着各色笼子，各色仙禽异鸟”。仙鹤是宝玉的最爱，他迁入怡红院后写的《四季即事诗》里面有两句都提到仙鹤：“苔锁石纹容睡鹤”“松影一庭惟见鹤”怡红院里不仅有“仙禽异鸟”，也有普通品种的禽鸟。第三十回就写到下雨时，梨香院的小戏子宝官、玉官和袭人等玩笑，“大家把沟堵了，水积在院内，把些绿头鸭、丹顶鹤、花鸂鶒（xī chì）、彩鸳鸯，捉的捉，赶的赶，缝了翅膀，放在院内玩耍……”

那有人可能会问，当今社会猫狗是主流宠物，贾府里养不养宠物猫和宠物狗呢？答案是肯定的。第五回写宝玉到宁国府里，在秦可卿卧室午睡，安顿好了一切后，“秦氏便吩咐小丫鬟们，好生在廊檐下看着猫儿狗儿打架”。可见宁国府宠物猫狗很多，荣国府应该也是如此。芦雪庵争联即景诗时，湘云就地取材，吟出“石楼闲睡鹤”的句子后，黛玉不甘落后，“笑的握着胸口，也高声嚷道：‘锦罽（jì）暖亲猫。’”可见影视剧《红楼梦》里安排王熙凤抱波斯猫，是合理的想象。

第三部分 《瓶花谱》——瓶花艺术篇

晚明时期，江南文化繁盛，雅士云集，他们常在私家园林雅集、宴饮、游乐、诗词唱和。在美轮美奂的园林中，其居室布置、玩赏器物也是清雅有致，品味非凡。在江南繁华锦绣之地的文人，谙熟瓶花之道也是文士阶层的必备修养。于是诸如张谦德所著的《瓶花谱》和袁宏道所著的《瓶史》这类书籍应运而生，为此种雅致生活提供了相对权威的参考范例。这两本书被誉为中国插花典籍中的双璧，是中国瓶制插花艺术的理论结晶。

本部分从《瓶花谱》中选取了品瓶、折枝、插贮和滋养四部分内容，介绍了作者对于瓶器形状质地、折枝地点时宜、插贮高低形态以及瓶花滋养的注意事项等。这部分文字内容简短易读，在阅读学习中，我们要体会明代文人雅士对于瓶制插花的审美情趣。

第一节　因乎时地，尚乎清雅——品瓶

【编者导读】

明代中晚期花艺繁盛，江南世家大族的宅院内都以鲜花插瓶作为装饰。插花首先要选择花器，这样才能与所插鲜花匹配，达到完美融合。明代人对于花器的选择极其讲究，对于质地、形态、尺寸、摆放方式都有细致的要求。

本文介绍了作者自己对于瓶器的观点，并从季节、摆放地点、摆放方式、花瓶大小和形态等几个维度表达了对于花瓶的审美标准。

【原文诵读】

凡插贮花，先须择瓶。春、冬用铜，秋、夏用磁[1]，因乎时也。堂厦[2]宜大，书室宜小，因乎地也。贵磁、铜，贱金、银，尚清雅也。忌有环，忌成对，象神祠[3]也。口欲小而足欲厚，取其安稳而不泄气也。

大都瓶宁瘦毋过壮，宁小毋过大。极高者不可过一尺，得六七寸，四五寸瓶插贮，佳。若太小，则养花又不能太久。

【注释解读】

1. 磁：通“瓷”，指瓷器。
2. 堂厦：指房屋的正厅。
3. 神祠：祭祀神灵的祠堂。

【译文品读】

想要插花首先要选择插花的瓶器。春天和冬天应当选用铜制的花瓶，夏秋两季适合用瓷制的花瓶，这是根据季节变化来调整的。放在厅堂的花瓶要选择大一些的，放在起居室和书房的花瓶适合选择小一点的，这是根据插花摆放地点不同而选择的。花瓶最好选择瓷器和铜器，不要选择金器和银器，要崇尚清新秀雅，端庄高雅之美。选择的花瓶上不要有环耳，也不要成对摆放，否则就好像神庙的

祭祀一样。瓶器的开口要小，瓶底要厚，这样才能摆放安稳，聚气不泄。

大多数情况下，花瓶形状最好选择细瘦的，而不要过于丰满和粗壮，宁可小一点也不要太大。花瓶的高度最好不要超过一尺，用六七寸或四五寸高的瓶器来插花是最好的。如果花瓶太小，插花的存活时间就不会太长。

【问答研读】

1. 作者认为，想要插花首先要选择插花的（　　）。

A. 花材　　B. 时节　　C. 地点　　D. 瓶器

2. 作者认为，插花的花瓶应当随着季节和摆放的地点来适时调整，春天和冬天选用________花瓶，夏秋两季适合用________花瓶，放在厅堂的花瓶要大一些的，放在起居室和书房的花瓶要小一点。

3. 作者认为花瓶最好选择瓷器和铜器，而不要选择金器和银器，这是为什么呢？

4. 从外观和形态方面看，作者认为以下哪些花瓶的外观形态比较好？（　　）

A. 有环耳的花瓶　　B. 开口小瓶底厚的花瓶

C. 细瘦的花瓶　　D. 高大丰满的花瓶

5. 作者认为花瓶的高度最好不要超过一尺，而且是越小越好。这种说法正确吗？

【延伸阅读】

琳琅满目的插花容器

插花容器（花器）是盛放、支撑和保养花材的容器，也是插花作品的组成部分。花器与花材的合理搭配能更加生动地表现主题，展示插花作品的艺术价值。

陶瓷制品在中国古代插花艺术中占有重要地位。插花用的陶瓷讲究细媚滋润，古人使用的花器大多出自名窑，比如明代的哥窑、象窑、定窑、官窑等。这些陶器通过色彩、造型、雕花的不同与作品有机地结合起来，展示不同的艺术风格。精美雅致的花器方不辱花之神韵。铜制品也是中国古代插花常用的器皿，原来是盛酒用的，用来插花也非常适宜。草藤制品也可以作为花器，插花成品多为篮花和挂花。

瓶状花器是中国古代插花最常用的容器，常见的花瓶口径较小、瓶肚较大、瓶体较高、造型简单明快，插上具有线条美的梅花、柳芽等花材，倍显清雅、高贵。瓶花是古代插花最普遍的表现形式，观世音菩萨手托柳芽瓶插花就是典型。

盘状花器的特点是口径大、贮水浅，一般用于短花枝直接浸润或浮于浅水的插花。古代没有插花辅具，很大程度上制约了盘花的造型与发展，后人发明了称为“占景盘”的类似花泥的辅具，使盘插花有了支撑，花盘插花的风格与造型才丰富起来。壁画中佛教飞天手捧花盘撒花就是盘插花的历史见证。

钵状花器外形近似花盆，口径较大，依外形大小称为盆或碗。用碗盛花是由佛门弟子供佛时所创的，将花卉放置在碗中，供于佛前。这类花器一般插折枝、花朵较大的花材，用麻丝缠住花脚，聚插如柱，表现一丛、一簇花之态，尽显大气之美。

篮状花器一般是由柳、竹、草、藤编制而成，外形如篮，插花成品称为篮花。花篮插花以大朵花材为中心，向四边伸出衬枝，突显活泼飘逸，也可配以杨柳、藤蔓缠绕以增气势。中国古代神话《八仙过海》中的篮采和就手持花篮云游迎宾。

筒类花器造型多样，最早是竹筒插花。竹筒有节，可单节插花，也可多节插贮。民间用竹筒插花，多将竹筒劈去一边横放，两头削成三角状，如舟船一样。在舱中分插花枝，高低错落，别致有趣。竹筒颇具苍朴之态，深受文人雅士的喜爱，用来插花朴素、简便，置于书斋、厅堂之处尤显文人情韵。

除了以上常见的花器外，中国古代还用花囊、香炉、花插等器皿作为花器来插花，它们各有特点和情趣。

第二节　侵晨带露，择其半开——折枝

【编者导读】

在古代文人雅士阶层中，折花是极为风雅之事，正如古诗《赠范晔》中所写的“折花逢驿使，寄与陇头人。江南无所有，聊赠一枝春”，蕴含着无限的浪漫和乐趣。

在张谦德看来，折花不仅是风雅之事，更是一项兼具技术和艺术的工作。他认为采摘花枝需要在合适的时间进行，而且绘画审美品位的高低决定着所采花枝是否能展现出天然的意韵。在采摘时，草本花和木本花要区别对待，张谦德认为草本花最难采，需要胸中有画意才能采到合意的花枝。

【原文诵读】

折取花枝，须得家园邻圃，侵晨[1]带露，择其半开者折供，则香色数日不减。若日高露晞[2]折得者，不特香不全、色不鲜，且一两日即萎落矣。

凡折花须择枝，或上葺下瘦[3]，或左高右低，右高左低。或两蟠台接[4]，偃亚偏曲[5]。或挺露一干中出，上簇下蕃[6]，铺盖瓶口。取俯仰高下，疏密斜正，各具意态，全得画家折枝花景象，方有天趣。若直枝蓬头花朵，不入清供。

花不论草木，皆可供瓶中插贮。第摘取有二法：取柔枝也，宜手摘；取劲干也，宜剪却。惜花人亦须识得。采折劲枝尚易取巧，独草花最难摘取，非熟玩名人写生画迹，似难脱俗。

【注释解读】

1. 侵晨：黎明时分。

2. 露晞：花枝上的露水被晒干蒸发。晞：干燥。

3. 上葺下瘦：花枝的上部花朵堆叠，下部枝干消瘦。葺：重叠，堆积。

4. 两蟠台接：两根蟠曲的枝条对接。

5. 偃亚偏曲：花枝覆压下垂，倾斜弯曲。

6. 上簇下蕃：花枝的上部花团锦簇，下部叶枝繁茂。蕃：通“繁”繁茂。

【译文品读】

折取花枝时，一定要在自家庭院或邻近的花圃，黎明时分花枝带露时，选择只开了一半的花枝折来插供，这样花的香气和色泽才能保留多日。如果等太阳出来，花上的露水被晒干了再去折枝，不但香味不能保全，花色也不会鲜艳，而且过一两天花就会枯萎凋落了。

采摘鲜花必须要挑选花枝。要么选择上部花朵堆叠而下部枝干细小瘦削的，要么选取左高右低或者是左低右高的，要么选取两根枝杈盘结互接、花朵覆压下垂、倾斜弯曲的，要么选择有一条枝干挺拔突出，上部花团锦簇，下部枝叶繁茂的，能覆盖瓶口的花枝。选取花枝有俯仰高下之态、疏密斜正之姿的，让花枝独有的神情姿态突显出来，尽显画家笔下折枝花的景象，才有天然的意韵。如果枝条直上、花朵蓬松散乱，不适合用作瓶花来插供。

不论是草本花还是木本花都可以作为瓶花插供。在摘取花枝时要注意两点：采摘柔嫩的枝条时，最好用手来折取；采摘虬枝劲干时，要用工具来剪取。爱惜花木的人应该都知道。虬劲的花枝比较容易采摘，草本类的花卉最难摘取。除非是认真钻研赏析过名人的写生绘画作品，否则很难脱俗。

【问答研读】

1. 作者认为，折取花枝时要注意哪些问题，才能使花的香气和色泽保留持久？（　　）

A. 采摘著名的花卉品种　　B. 从自家庭院或邻近花圃采摘

C. 黎明时分花枝带露时采摘　　D. 采摘只开了一半的花枝

2. 作者认为，采摘鲜花必须要挑选花枝，下面哪些花枝适合采摘作为瓶插？（　　）

A. 上部花朵堆叠下部枝干瘦削　　B. 左高右低或左低右高

C. 左右两边枝条平衡对称　　D. 枝干上布满花朵

3. 作者总结的关于选取花枝作为瓶插的基本原则是什么？

4. 作者认为，哪些花枝不适合作瓶插清供？（　　）

A. 枝条直上　B. 草本花　　C. 木本花　　D. 花朵蓬松散乱

5. 作者认为草本花枝容易摘取，而虬劲的花枝难以摘取。这种说法正确吗？

【延伸阅读】

访妙玉乞红梅

《红楼梦》第五十回，众人在大观园的芦雪庵即景联诗之后，贾宝玉因写诗“落了第”，众人罚他去访妙玉乞红梅。折梅、插梅、赏梅、咏梅的系列活动展现了中国古代贵族一种极富诗情意趣的生活状态。节选原文如下，供大家阅读欣赏。

李纨笑道：“……我才看见栊翠庵的红梅有趣，我要折一枝来插瓶。可厌妙玉为人，我不理他，如今罚你去取一枝来。”众人都道这罚的又雅又有趣。宝玉也乐为，答应着就要走。湘云黛玉一齐说道：“外头冷得很，你且吃杯热酒再去。”湘云早执起壶来，黛玉递了一个大杯，满斟了一杯。湘云笑道：“你吃了我们的酒，你要取不来，加倍罚你。”宝玉忙吃了一杯，冒雪而去。李纨命人好好跟着，黛玉忙拦说：“不必，有了人反不得了。”李纨点头说：“是。”一面命丫鬟将一个美女耸肩瓶拿来，贮了水准备插梅，因又笑道：“回来该咏红梅了。”湘云忙道：“我先作一首。”宝钗忙道：“今日断乎不容你再作了，你都抢了去，别人都闲着，也没趣。回来还罚宝玉，他说不会联句，如今就叫他自己作去。”黛玉笑道：“这话很是。我还有个主意，方才联句不够，莫若拣着联的少的人作红梅。”宝钗笑道：“这话是极。方才邢李三位屈才，且又是客，琴儿和颦儿云儿三个人也抢了许多，我们一概都别作，只让他三个作才是。”李纨因说：“绮儿也不大会作，还是让琴妹妹作罢。”宝钗只得依允，又道：“就用‘红梅花’三个字作韵，每人一首七律。邢大妹妹作‘红’字，你们李大妹妹作‘梅’字，琴儿作‘花’字。”李纨道：“饶过宝玉去，我不服。”湘云忙道：“有个好题目命他作。”众人问何题目？湘云道：“命他就作‘访妙玉乞红梅’，岂不有

趣？”众人听了，都说有趣。

一语未了，只见宝玉笑欣欣擎了一枝红梅进来，众丫鬟忙已接过，插入瓶内。众人都笑称谢。宝玉笑道：“你们如今赏罢，也不知费了我多少精神呢。”说着，探春早又递过一钟暖酒来，众丫鬟走上来接了蓑笠掸雪。各人房中丫鬟都添送衣服来，袭人也遣人送了半旧的狐腋褂来。李纨命人将那蒸的大芋头盛了一盘，又将朱橘、黄橙、橄榄等盛了两盘，命人带与袭人去。湘云且告诉宝玉方才的诗题，又催宝玉快作. 宝玉道：“姐姐妹妹们，让我自己用韵罢，别限韵了。”众人都说：“随你作去罢。”

一面说一面大家看梅花。原来这枝梅花只有二尺来高，旁有一横枝纵横而出，约有五六尺长，其间小枝分歧，或如蟠螭，或如僵蚓，或孤削如笔，或密聚如林，花吐胭脂，香欺兰蕙，各各称赏。

第三节　花瓶相称，最忌繁冗——插贮

【编者导读】

古人认为，插花不同于一般的活计，非得亲力亲为才有雅趣。所以作者在开篇就提出，自己折来花枝后，一定要尽快将其插入瓶中，而且每个细节都要注意到，才能多欣赏几日。接着总结了插花构图的技术要领，花材与花器的高度比例要搭配和谐，大瓶插花忌讳过分修饰，小瓶插花则宜瘦巧，不宜繁杂，或者一枝独秀，或者两相唱和。最后总结观点，瓶中所插的花枝最好只有一两种，但是秋天的花可以例外。

【原文诵读】

折得花枝，急须插入小口瓶中，紧紧塞之，勿泄其气，则数日可玩。

大率[1]插花须要花与瓶称，令花稍高于瓶。假如瓶高一尺，花出瓶口一尺三四寸；瓶高六七寸，花出瓶口八九寸，乃佳。忌太高，太高瓶易仆；忌太低，太低雅趣失。

小瓶插花宜瘦巧，不宜繁杂。若止插一枝，须择枝柯奇古、屈曲斜袅[2]者。欲插二种，须分高下合插，俨若一枝天生者；或两枝彼此各向，先凑簇像生，用麻丝缚定插之。

瓶花虽忌繁冗，尤忌花瘦于瓶。须折斜欹（qī）[3]花枝，铺撒小瓶左右，乃为得体也。瓶中插花，止可一种两种，稍过多便冗杂可厌，独秋花[4]不论也。

【注释解读】

1. 大率：大致，大概。
2. 斜袅：花枝斜逸袅娜的姿态。
3. 斜欹：倾斜，歪斜。
4. 秋花：指菊花。

【译文品读】

折来的花枝应当立即插入小口花瓶中，紧紧塞住瓶口，不要泄了花气，这样可以多玩赏几天。

大体来说，插花时花和瓶要搭配和谐，让花枝稍微高出花瓶一些。如果花瓶高一尺，花枝应高出瓶口一尺三四寸；如果花瓶高六七寸，花枝应高出瓶口八九寸，这样最佳。插入的花枝不要太高，否则花瓶容易倾倒；当然花枝也不能太低，否则会失去雅趣。

用小瓶插花时，花枝应当细瘦小巧些，不宜繁杂。如果只插一枝花，就要挑选奇特古雅、弯曲斜逸的花枝。如果想插两种花，需要分出高低并搭配组合，让它们就像天生的一枝；或两枝花彼此相向，先凑成一簇就像天生长在一起，用麻丝绑定再插瓶。

瓶花虽然忌讳插得太繁杂，但更忌讳花枝比花瓶还要瘦小。应当采折倾斜的花枝作为插花之用，让花枝在花瓶的左右铺展开来，才算得上得体。瓶中所插的花枝，最好只有一两种，如果过多，就会显得杂乱，使人生厌，唯独秋菊不会如此。

【问答研读】

1. 折来的花枝应当立即插入________中，紧紧塞住瓶口，不要泄了花气，这样可以多玩赏几天。

2. 插花时________和________要搭配和谐，让花枝稍微高出花瓶一些，如果花瓶高一尺，花枝应高出瓶口一尺三四寸。

3. 为什么插入的花枝既不要太高，也不要太低？

4. 如果想用小花瓶插两种花枝，应当怎样布局？

5. 瓶中所插的花枝，最好只有一两种，种类过多就会显得杂乱，但是（　　）除外。

A. 春花　　B. 秋菊　　C. 奇特古雅的花枝　　D. 弯曲斜逸的花枝

【延伸阅读】

东西方插花艺术

东方插花起源于中国。中国传统插花艺术是大自然的浓缩和升华，它呈现出真、善、美或天、地、人的特征与风格，表达着东方人的哲学思想。它崇尚自然美，追求线条美，采用色彩淡雅的少量花枝，表现出深邃的意境。

中国传统插花追求空间之美、线条之美。在传统的插花构图中没有明显的几何中轴线，是以不对称动态均衡为原则，强调枝条、绿叶与花朵在不对称中表现出宛自天开的美妙自然姿态，以及富于变化的动态韵律，使作品蕴藏着深邃的意境。东方传统插花多由三个主枝构成主架，以“第一枝花枝”为参照，分别插出第二枝和第三枝，然后再在各主枝周围根据主题要求，运用长短不一的花枝进行内部空间填充，基础造型可分为直立型、直上型、倾斜型、平展型、下垂型等。

西方插花起源于古埃及，多为几何图案造型，运用浓重色彩表现群体效果，让人赏心悦目。西方插花追求团块画面和整体效果，突出表现图案之美、形态之美、花材之美和装饰之美。西方插花多选色彩艳丽、花朵大的花材进行组合，突出几何轮廓，立体感强，体现出人工梳理之美。对称式插花作品的外形轮廓清晰，整齐对称，是对称的静态平衡，以长或短轴线分隔空间，半球型、水平型等花型都可以进行对称式创作。不对称式插花作品的外形轮廓不对称，是非对称的动态平衡，突出表现几何图形，常见的有 L 形、S 形、不等边三角形和新月形等。

第四节　随材造就，天人相参——滋养

【编者导读】

“天人合一”是中国传统的哲学观，也是古人行事的哲学。张谦德对于瓶花滋养的看法也深深体现了“天与人参”的哲学观点。作为评鉴赏花的清雅人士，他认为需要根据花木的特性选用适宜的水来滋养，“天水”最佳，清净的江湖水在不得已时可以使用，但是井水是不能使用的；建议将瓶花放置在露天但避风的地方，这也是天人合一思想的体现。

【原文诵读】

凡花滋雨露以生，故瓶中养花，宜用天水[1]，亦取雨露之意。更有宜蜂蜜者，宜沸汤[2]者。清赏之士，贵随材而造就焉。滋养第一雨水，宜多蓄听用。不得已则用清净江湖水。井水味咸，养花不茂，勿用。插花之水，类有小毒，须旦旦[3]换之，花乃可久。若两三日不换，花辄（zhé）零落。瓶花每至夜间，宜择无风处露之，可观数日，此天与人参[4]之术也。

【注释解读】

1. 天水：古人将雨水、雪水、露水称为天水，此处指雨水。
2. 沸汤：开水。
3. 旦旦：每天，每日。
4. 天与人参：天与人互相影响，人的行为方式应当顺应天理，与天道合二为一。

【译文品读】

但凡花木，都是得到雨露的滋养才能生长，因此瓶花也适宜用天降之水，这也是取雨露滋养的意思。更有适合用蜂蜜水来滋养或者用开水来滋养的。品鉴赏花的清雅之士，需要根据花木的特性采取相应的滋养之法。瓶中养花的水首选雨水，平时应该多收集一些，留着日后备用，在不得已的情况下可以选择洁净的江湖之水。

井水的味道比较咸，如果用来养花，花枝不茂盛，尽量不要使用。插花的水，大多含有少量的毒素，必须每天更换，花枝才能存活得更长久些。如果两三天不换水，花朵就会凋零败落。到了晚上，应当将瓶花放在露天但避风的地方，这样可以观赏好些天，这就是天人合一的妙法。

【问答研读】

1. 作者认为，瓶中养花的水首选________，在不得已的情况下可以选择洁净的________，但尽量不要使用________。

2. 作者认为应当如何养护瓶花才能延长其观赏期？

【延伸阅读】

古典文学作品中的“无根水”

在《西游记》第六十九回中，孙悟空给无根水下了一个“定义”说：“井中河内之水，俱是有根的。我这无根水，非此之论，乃是天上落下者，不沾地就吃，才叫做无根水。”古人也将无根水称作天水，泛指天上落下的水，如雨、雪、霜、露等。

在《红楼梦》第三回中，宝钗介绍“冷香丸”配方时，就提到要集齐雨水、白露、霜降、小雪四节气中的雨、露、霜、雪，才能用这些无根水制出“冷香丸”。

古代的文人雅士也不乏取梅瓣积雪，化水后以罐储之，深埋地下，来年用以烹茶之人。在《红楼梦》第四十一回中，妙玉在栊翠庵给宝玉等一行人泡茶时，用的就是这样的无根水。

参 考 文 献

曹雪芹，2014. 红楼梦 [M]. 南京：南京大学出版社 .

计成，2015. 园冶 [M]. 南京：江苏凤凰文艺出版社 .

阮仪三，2020. 江南古典私家园林 [M]. 南京：译林出版社 .

文震亨，2012. 长物志 [M]. 北京：中华书局 .

文震亨，2015. 长物志 [M]. 南京：江苏凤凰文艺出版社 .

张谦德 , 袁宏道，2012. 瓶花谱 瓶史 [M]. 北京：中华书局 .

张谦德 , 袁宏道，2016. 瓶花谱 瓶史 [M]. 南京：江苏凤凰文艺出版社 .

赵农，2018. 园冶图文新解 [M]. 南京：江苏凤凰科学技术出版社 .

参考答案

第一部分

第一节

1. B

2. A

3. D

4. A

5. B

6. C

7. 宛自天开

第二节

1. 营造主持者或造园师

2. 借景

3. 就是要依随地势的高低错落、地形的端正方直情况，在适合建亭台的地方建造亭台，适合建楼榭的地方建造楼榭，不妨在偏僻幽静的地方规划园路，而且要蜿蜒曲折。

4. C

5. A　B

第三节

1. A　B　C　D

2. A　C　D

3. D

4. 樵夫的歌声、雨点声、远处的云朵、清风、薄雾、明月等。

5. 略

第四节

1. 正确

2. 相地

3. 规划布局

4. 高处可以建造亭台，低处应该开挖池沼水塘。

5. B

第五节

1.C

2. A

3. A　B　C　D

4. B　C

5. B

第六节

1. 南方

2. A　B　D

3. 此典故意在说明在园林中栽种梅花和菊花的人，也和陶庾二人一样具有高洁风雅的品格。

4. A

5. 略

第七节

1. 正确

2. D

3. B

4. A　B　C

5. C

第八节

1. A

2. C

3. B

4. 错误，这种园林佳境虽然得益于园林设计者的奇妙构思，但也得益于园林主人的优雅情趣。

5. A　B　C　D

第二部分

第一节

1. B

2. A　B　C　D

3. C　D

第二节

1. 错误，这是出于对花木的喜爱。

2. 群植；孤植

3. 草花不可繁杂，随处植之，取其四时不断，皆入图画。

4. A　D

5. 正确

第三节

1. A　B　C　D

2. 错误，这类盆景不要露出束缚锯截的痕迹才是珍品。

3. A　D

4. 作者认为应当用石子铺一个小庭院来种植菖蒲，雨后枝叶青翠，自然生香。

5. A　B　C　D

第四节

1. 灵璧石；英石

2. 色泽如漆器一般光亮，声音像玉石一样清脆的赏石最为上乘。

3. 研山；盆景

第五节

1. 雄鸡；黄莺；乌鸦

2. 正确

3. A　B　D

第三部分

第一节

1. D

2. 铜制；瓷制

3. 因为瓷质和铜质的花瓶更加朴素清雅。

4. B　C

5. 错误，作者认为六七寸或四五寸高的瓶器花瓶最好，如果花瓶太小，插花的存活时间就不会长了。

第二节

1. B　C　D

2. A　B

3. 花枝要有俯仰高下之态，疏密斜正之姿，让花枝独有的神情姿态突显出来，尽显画家笔下折枝花的景象，才有天然的意韵。

4. A　D

5. 错误，虬劲的花枝比较容易采摘，草本类的花卉最难摘取，因为如果没有钻研赏析过名人的写生绘画作品，摘取的草本花卉很难脱俗。

第三节

1. 小口花瓶

2. 花；瓶

3. 插入的花枝太高，花瓶容易倾倒；花枝太低会失去雅趣。

4. 插两种花时，需要分出高低并搭配组合，让它们就像天生的一枝；或两枝花彼此相向，先凑成一簇就像天生长在一起，用麻丝绑定再插瓶。

5. B

第四节

1. 雨水；江湖水；井水

2. 每天为瓶插花更换水；晚上将它放在露天但避风的地方。